冶金工业出版社

普通高等教育“十四五”规划教材

矿山固体废弃物综合利用与资源化

冯 博 刘 丽 主编

北 京
冶 金 工 业 出 版 社
2025

内容提要

本书共7章，主要内容包括矿山固体废弃物的来源及影响、矿山固体废弃物的堆存和钝化处理、矿山固体废弃物中有价元素的回收、矿山固体废弃物在充填采矿中的应用、矿山固体废弃物建材化利用和矿山固体废弃物高值化利用技术，以及矿区土地复垦，包括矿山土地复垦规划和设计、矿区土壤的重构和修复、矿区土地的植被重建等。

本书可作为高等院校矿物加工工程专业的教材，也可供矿山固体废弃物领域的研究人员等参考。

图书在版编目（CIP）数据

矿山固体废弃物综合利用与资源化 / 冯博，刘丽主编. -- 北京 ：冶金工业出版社，2025. 5. -- （普通高等教育“十四五”规划教材）. -- ISBN 978-7-5240-0214-7

Ⅰ. X751

中国国家版本馆 CIP 数据核字第 20257AS145 号

矿山固体废弃物综合利用与资源化

出版发行 冶金工业出版社　**电　　话**（010）64027926
地　　址 北京市东城区嵩祝院北巷 39 号　**邮　　编** 100009
网　　址 www. mip1953. com　**电子信箱** service@ mip1953. com

责任编辑　王梦梦　美术编辑　吕欣童　版式设计　郑小利
责任校对　李欣雨　责任印制　禹　蕊
三河市双峰印刷装订有限公司印刷
2025 年 5 月第 1 版，2025 年 5 月第 1 次印刷
787mm×1092mm　1/16；9 印张；218 千字；135 页
定价 39. 00 元

投稿电话　**（010）64027932**　**投稿信箱**　**tougao@cnmip. com. cn**
营销中心电话　**（010）64044283**
冶金工业出版社天猫旗舰店　**yjgycbs. tmall. com**
（本书如有印装质量问题，本社营销中心负责退换）

前　言

矿产资源是人类赖以生存和发展的重要物质基础。我国是矿产资源大国，矿产资源的特点是大矿少，小矿多；富矿少，贫矿多；单一矿种少，共伴生矿种多，这就导致我国矿山在采选过程中产生大量的固体废弃物。矿山固体废弃物是指在矿山开采、矿物提炼过程中所产生的废石、尾矿和废渣。这些固体废弃物如不加以利用，不仅造成资源的浪费，还会污染环境，造成水土流失。

矿山固体废弃物总量大，是固体废弃物的重要来源，为了提高矿山固体废弃物的利用率，需要培养熟知矿山固体废弃物处理和资源化相关知识的人才，也需要对相关生产岗位的技术人员进行培训。当前，很多高校采矿工程、矿物加工工程、环境工程等专业均开设了矿山固体废弃物资源化相关课程，然而有关矿山固体废弃物资源化的书籍十分缺乏，且内容过于陈旧，因此，对近年来矿山固体废弃物领域的新技术进行归纳整理，出版一本包含矿山固体废弃物资源化新技术与应用案例的书籍，具有十分重要的意义。

本书在搜集、整理、分析和研究有关资料的基础上，阐述了矿山固体废弃物的来源、分类、特点及现状，从固体废弃物资源再选、充填、建材化利用和高值化利用等方面总结了固体废弃物处理和资源化领域最新的成果、工艺和方法。

全书共 7 章，第 1 章介绍了矿山固体废弃物的来源、性质及其对环境的影响；第 2 章介绍了矿山固体废弃物的堆存和钝化处理；第 3 章介绍了矿山固体废弃物中有价元素的回收方法和相关实例；第 4 章介绍了矿山固体废弃物在充填采矿中的应用；第 5 章介绍了矿山固体废弃物的建材化利用方法；第 6 章介绍了矿山固体废弃物的高值化利用方法；第 7 章介绍了矿区土地的复垦。本书不仅可以作为高等院校矿物加工工程专业的教材，还可供矿山固体废弃物领域的研究人员、管理人员等参考。

本书由江西理工大学冯博、刘丽主编，在编写过程中，王子鸣、刘建英、向子祥、戴林权、文洋、严金阳等参与了部分文字录入和图表整理，在此一并表示感谢。全书由冯博、刘丽统稿。此外，本书在编写过程中还参阅了很多文献资料，在此向文献资料的作者表示感谢。

由于编者水平所限，书中不妥之处，希望读者批评指正。

作　者
2024年10月

目　　录

1　矿山固体废弃物的来源及影响 …… 1

1.1　矿山及其生产过程 …… 1

1.1.1　勘探阶段 …… 1

1.1.2　开采阶段 …… 2

1.1.3　选矿阶段 …… 2

1.1.4　冶炼阶段 …… 2

1.1.5　矿山废弃物管理阶段 …… 3

1.2　矿山固体废弃物的分类 …… 3

1.3　矿山固体废弃物的性质 …… 4

1.3.1　物理性质 …… 4

1.3.2　化学性质 …… 6

1.3.3　粒度分布 …… 6

1.3.4　组成成分 …… 7

1.4　矿山固体废弃物的危害 …… 8

1.4.1　侵占土地 …… 8

1.4.2　地质灾害 …… 8

1.4.3　环境危害 …… 9

1.5　矿山固体废弃物利用现状 …… 10

1.5.1　矿山固体废弃物利用方式 …… 10

1.5.2　国内外固体废弃物利用现状 …… 11

习题 …… 11

2　矿山固体废弃物的堆存和钝化处理 …… 12

2.1　矿山固体废弃物的堆存 …… 12

2.1.1　矿山固体废弃物堆存的管理规定 …… 12

2.1.2　尾矿库堆存 …… 16

2.1.3　排土场堆存 …… 20

2.2　固体废弃物钝化处理技术 …… 27

2.2.1　中和处理 …… 27

2.2.2　尾矿覆盖（回填） …… 28

2.2.3　脱硫处理 …… 29

2.2.4　灭菌处理 …… 30

习题 …… 31

3 矿山固体废弃物中有价元素的回收 …… 32

3.1 矿山固体废弃物中有价元素回收方法 …… 32
3.1.1 重选及重选设备 …… 32
3.1.2 磁选及磁选设备 …… 36
3.1.3 浮选及浮选设备 …… 39
3.2 矿山固体废弃物中有价元素回收实例 …… 45
3.2.1 有色金属尾矿再选 …… 45
3.2.2 稀有金属尾矿再选 …… 49
3.2.3 贵金属尾矿再选 …… 53
3.2.4 钨尾矿再选 …… 54
习题 …… 57

4 矿山固体废弃物在充填采矿中的应用 …… 58

4.1 概述 …… 58
4.2 胶结充填的种类及特点 …… 62
4.2.1 水泥材料胶结充填技术 …… 62
4.2.2 新型胶凝材料胶结充填技术 …… 65
4.3 矿山固体废弃物基充填胶凝材料 …… 72
4.3.1 铅锌矿渣胶凝材料 …… 73
4.3.2 高炉矿渣胶凝材料 …… 73
4.3.3 金属矿尾矿胶凝材料 …… 75
4.3.4 非金属矿山固体废弃物胶凝材料 …… 75
4.3.5 煤矸石胶凝材料 …… 76
4.3.6 其他固体废弃物胶凝材料 …… 76
习题 …… 76

5 矿山固体废弃物建材化利用 …… 78

5.1 矿山固体废弃物在加气混凝土生产中的应用 …… 78
5.1.1 加气混凝土的生产工艺 …… 78
5.1.2 利用矿山固体废弃物生产加气混凝土的实例 …… 80
5.2 矿山固体废弃物在水泥生产中的应用 …… 80
5.2.1 矿山固体废弃物在水泥生产中的用途 …… 81
5.2.2 矿山固体废弃物在水泥生产中的实际应用 …… 82
5.2.3 矿山固体废弃物用于水泥生产带来的经济效益和环境效益 …… 82
5.3 矿山固体废弃物在制砖中的应用 …… 83
5.3.1 矿山固体废弃物生产烧结砖 …… 83
5.3.2 矿山固体废弃物制备免烧砖 …… 85

5.3.3 利用矿山固体废弃物生产彩色地面砖 …… 86
5.4 矿山固体废弃物在多孔陶瓷生产中的应用 …… 87
5.4.1 多孔陶瓷的生产工艺 …… 87
5.4.2 利用尾矿制备多孔陶瓷 …… 88
5.5 矿山固体废弃物在其他建材生产中的应用 …… 89
5.5.1 人造矿物棉和人造石 …… 89
5.5.2 吸附材料 …… 90
习题 …… 90

6 矿山固体废弃物高值化利用技术 …… 92

6.1 矿山固体废弃物制备微晶玻璃 …… 92
6.1.1 微晶玻璃分类 …… 92
6.1.2 微晶玻璃的制备方法 …… 93
6.1.3 矿山固体废弃物制备微晶玻璃实例 …… 94
6.2 煤矸石为原料制备高值化材料 …… 95
6.2.1 煤矸石发电 …… 97
6.2.2 煤矸石制备化工产品 …… 97
6.3 矿山固体废弃物制备耐火材料 …… 100
6.3.1 硅酸铝质耐火材料 …… 101
6.3.2 碱性耐火材料 …… 101
6.3.3 不定形耐火材料 …… 102
6.3.4 以铁矿石尾矿为原料制备镁橄榄石基耐火材料 …… 102
6.4 矿山固体废弃物制备肥料和土壤改良剂 …… 103
6.4.1 矿山固体废弃物制备肥料 …… 103
6.4.2 矿山固体废弃物制备土壤改良剂 …… 106
习题 …… 109

7 矿区土地复垦 …… 110

7.1 矿区土地复垦规划和设计 …… 110
7.1.1 矿区土地复垦规划与设计的意义 …… 110
7.1.2 矿区土地复垦规划设计应遵循的原则 …… 111
7.1.3 矿区土地复垦规划设计的基本程序 …… 111
7.1.4 矿区待复垦土地的适宜性评价方法 …… 111
7.2 矿区土壤的重构和修复 …… 114
7.2.1 矿区土壤重构 …… 114
7.2.2 重构土壤的改良 …… 116
7.2.3 污染土壤治理与修复 …… 119
7.3 矿区土地的植被重建 …… 120
7.3.1 矿山复垦土地植被重建品种选择 …… 121

7.3.2 矿山土地复垦植被重建工程技术要点 …… 121
7.4 矿区土地复垦新技术-边采边复 …… 127
习题 …… 128

参考文献 …… 129

1 矿山固体废弃物的来源及影响

1.1 矿山及其生产过程

矿山是指用于开采矿物或矿石等的开采地和工程，包括一个或多个采矿车间（坑口、矿井、露天采场等）和辅助车间。大多数矿山还包括选矿厂（洗煤厂），它是矿业领域中极为重要的一个概念。

矿山的历史可以追溯到古代文明的兴起。人类最早开始进行矿山开采是为了获取用于制作工具和武器的石头和金属。随着时间的推移，人们逐渐发现了更多有用的矿产资源，并开始开采更深层次的矿藏。

矿山的生产对经济和社会发展有着重要影响。它们为国家提供了大量的矿产资源，这些资源是工业生产和基础建设的重要原材料。矿山生产还创造了大量就业机会，改善了当地居民的生活水平。然而，矿山生产也带来了一些负面影响，如土地退化、水源污染和生态破坏等。因此，矿山生产必须在经济效益和环境保护之间取得平衡。

为了确保矿山生产过程的可持续性，许多国家和地区制定了相关的法律和政策来管理和监管矿业活动。它们要求矿山企业遵守环境法规、进行环境评估和监测，并采取相应措施来减少对环境的影响。此外，一些国家还鼓励矿山企业采用先进的技术和设备，以提高开采效率和降低资源消耗。通过合理的规划和管理，矿山生产可以为社会和环境带来更多的好处，并为未来的可持续发展作出贡献。

矿山的生产过程是指矿山从开采、选矿、冶炼到生产出矿产品等一系列的工艺过程，可能会因不同的矿种和矿山而有所不同，常包含勘探、开采、选矿、冶炼及矿山废弃物管理等阶段。

1.1.1 勘探阶段

勘探是通过地质勘探、地球物理勘探等技术手段对潜在的矿床进行调查、探测和评估，确定矿区的矿产资源类型、储量、分布等信息，为后续的开采和生产提供依据的过程。

地质调查是矿山勘探的基础。通过对地质地形、岩石、矿物等进行调查，了解矿床的概况和分布情况。地质调查的主要内容包括地形地貌、地层、构造、岩石类型、矿物、矿床类型、矿化带、热液脉等。

矿山勘探通过地震、电磁、重力等物理方法，探测地下的矿床位置和规模等信息；通过对岩石、土壤、水等样本进行分析和化验，确定矿床的成分和含量等信息；通过钻孔的方式，获取地下岩石的样本，进行化验和分析，确定矿床的储量和品质等信息。

矿山的勘探阶段是矿山生产过程中非常重要的一个环节，需要综合考虑地质、物理、化学、环境等多方面的因素，确定矿床的潜力和可行性，为后续的开采和生产提供依据。

1.1.2　开采阶段

矿山的开采阶段是指在矿山勘探阶段确定矿床位置、规模、质量及储量等信息的基础上，采用不同的采矿方法对矿床进行开采，生产出矿产品的全过程，开采过程中，需要进行爆破、运输、支护等工艺操作。

通过矿山的开采阶段，可以生产出各种矿产品，为社会发展和工业生产提供原材料。同时，矿山开采阶段也是矿山的主要收益阶段，直接关系到矿山的经济效益和可持续发展。

矿山的开采阶段是矿山生产过程中的核心环节，需要综合考虑采矿方法、设备、环境保护和安全生产等多方面的因素。采矿方法是指采用何种方式进行矿石的开采，常见的采矿方法包括露天采矿、地下采矿、坑道采矿等。不同的采矿方法适用于不同的矿床类型和地质条件。矿山设备是指用于矿山开采的各种机械设备和工具，常见的矿山设备包括矿山卡车、挖掘机、装载机、钻机、爆破设备等。这些设备的选择和使用对矿山的开采效率和经济效益有着重要的影响。在矿山的开采阶段，需要考虑到环境保护的问题，为了防止对周围环境造成污染和破坏，必须采取适当的行动。常见的环境保护措施包括水土保持、生态恢复、土地利用、环境监测。安全生产是矿山开采阶段中的一个重要问题，矿山开采过程中存在着很多安全隐患，如坍塌、爆炸、火灾等。为了确保工人的安全，需要采取各种安全措施，如安全培训、安全设备使用等。

1.1.3　选矿阶段

选矿阶段是将从矿山中采出的矿石进行破碎、磨矿、分选等工艺处理，分离出有用矿物和废石等杂质的过程。

选矿是一个连续的生产过程，其中最重要的作业（或称为主要作业）是分选阶段。根据不同矿物的物理化学性质，各种选矿方法（浮选法、重选法、磁选法等）被使用。浮选是一种通过使用浮选药剂将矿物选择性地附着在气泡上进行分选的方法，这种方法主要用于处理有色金属矿石（如铜、铅、锌、硫、钼等）、某些黑色金属（如铁、锰）和一些非金属矿石（如石墨矿、磷灰石等）。重选法是根据矿物相对密度的差异来分选矿物的，不同密度的矿物颗粒在运动介质（如水、空气和重介质）中受到流体动力和各种机械力的影响，从而形成适当的松散分层和分离条件。磁选是一种利用矿物磁性的不同在磁场中分离矿物的方法，当矿粒通过磁选机的磁场时，它们受到机械力和磁力的作用，当磁性较强的矿粒与磁性较弱的矿粒所受的磁力不同时，它们会产生不同的运动轨迹，导致矿石被分成不同的产品。

选矿通过分离有用矿物和废石等杂质，提高了矿石的品位，为后续的冶炼和加工提供了优质的原料，实现了资源的最大化利用和经济效益的最大化。

1.1.4　冶炼阶段

冶炼阶段是将选矿后的有用矿物进行冶炼，提取出金属或非金属元素，以满足工业和商业需求的过程。冶炼过程包括熔炼、精炼、铸造等工艺操作。

熔炼是将经过选矿处理的矿石与还原剂和熔剂混合，然后放入炉中进行高温加热。在高温下，矿石中的有用金属与还原剂发生化学反应，使金属被还原出来。与此同时，废料和杂质会被熔剂吸附或浮于金属表面形成熔渣。熔融金属和熔渣分离后，可以通过进一步处理得到纯净的金属。

精炼是对熔融金属进行进一步处理，以去除其中的杂质和非金属成分，提高金属的纯度和品质。常用的精炼方法包括化学精炼、电解精炼和真空精炼等。化学精炼通过加入特定的化学试剂，使杂质与试剂发生反应并分离。电解精炼则利用电解原理，将金属溶液通过电解分解的方式，将杂质聚集在阴极上，从而得到纯净的金属。真空精炼则是在高真空环境下进行，利用气体的扩散作用去除杂质。

铸造是将熔融金属倒入预先制作好的铸型中，使其冷却凝固成为所需的形状和尺寸。铸造可以通过多种方式实现，如铸造成块状、铸造成型件、连铸等。铸造过程中需要控制冷却速度和铸型的温度，以确保金属凝固成为均匀、紧密的结构。

冶炼阶段是矿山生产过程的最终环节，需要综合考虑选矿产品的金属类型、矿石特性、生产需求、环境保护等多方面的因素。

1.1.5 矿山废弃物管理阶段

矿山废弃物管理阶段是对矿山开采过程中产生的废弃物进行处理和管理的过程，包括填埋、封存、回收等方式，以减少对环境的影响。废弃物的排放和处理过程需要进行监测和评估，确保符合环境保护标准和法规要求。

矿山废弃物包括尾矿、废石、废水、废气等，这些废弃物含有有害物质，如果不妥善处理和管理，可能对环境造成严重的污染和生态破坏。矿山废弃物管理的目标是最大限度地减少废弃物的排放和环境影响，保护自然环境和人类健康。一般通过改进工艺流程、提高选矿效率等手段，减少废弃物的产生量。同时尽可能地回收废弃物中的有用物质，减少资源的浪费。产生的废弃物需要安全地储存和封存，防止有害物质的渗漏和扩散。最终通过物理、化学、生物等处理方法，将废弃物转化为无害物质或能够再利用的物质。

矿山废弃物管理是矿山开采和冶炼过程中的一项重要工作，需要制定科学的管理方案，加强监管和监测，确保废弃物的安全处理和环境保护。

矿山生产过程的每个阶段都相互联系，互为输入和输出，是一个复杂且系统的过程。每个阶段都不可或缺，并且彼此之间存在着协同作用和相互制约。只有在科学规划、有效管理和持续改进的基础上，才能实现矿山生产过程的高效运行和可持续发展。

1.2 矿山固体废弃物的分类

矿山固体废弃物是指矿山生产过程中产生的固体废弃物，包括岩石、泥土、煤渣、尾矿、废砖、废石等。

根据矿山固体废弃物的特性和处理方法，可以将其分类如下：

(1) 粉尘类。指矿山开采加工阶段生产出的粉尘，如煤矸石粉尘、矿石破碎过程中产生的尘土等。这种废弃物主要通过排放控制设备进行收集和处理，以防止对环境和人体健康造成损害。

(2) 渣滓类。包括矿石经过选矿、冶炼、提炼等过程后产生的固体废弃物，如煤矸石、矿石渣滓、冶金渣滓等。这些废弃物通常需要进行分类、分级和处理，以回收其中的有用矿物或进行安全处置。

（3）尾矿类。指矿山选择性提取有用矿物后剩余的固体废弃物，其中可能还含有未提取的有用矿物。尾矿通常具有较高的水分含量，需要进行脱水、沉淀和固化等处理，以减少对水环境的影响并确保稳定储存。尾矿占固体废弃物的绝大多数。

（4）残渣类。包括矿山开采和加工活动中产生的半固态或固态废弃物，如碎石、碎砖、矿渣等。这些残渣可以通过适当的处理方法，如填埋、回填利用或固化等来安全处置。

（5）废水渣类。指矿山排放的含有固体废弃物颗粒的废水，在处理废水时通过沉淀、过滤等方式将其中的固体废弃物分离出来形成废水渣。废水渣需要经过固液分离和后续处理，以减少废水中的悬浮固体浓度并达到排放标准。

以上分类仅为一般性参考，具体的矿山固体废弃物分类可能会因不同矿种、处理工艺和法规要求而有所差异。在处理矿山固体废弃物时，应遵循相关的环境保护法律法规，并采取合适的技术措施，以最大限度地减少对环境和人体健康的危害。

1.3 矿山固体废弃物的性质

1.3.1 物理性质

1.3.1.1 光学性质

矿山固体废弃物的光学性质是指其在光场作用下的行为和特性。这些特性包括透明度、反射率、折射率、吸收率等。

（1）透明度。矿山固体废弃物的透明度是指光线穿过废弃物的能力。透明度高的废弃物可以让光线通过，而透明度低的废弃物则会阻挡或散射光线。透明度通常与废弃物的结构和组成有关。

（2）反射率。矿山固体废弃物的反射率是指光线从废弃物表面反射回来的比例。反射率高的废弃物会将大部分光线反射回去，而反射率低的废弃物则较少反射光线。反射率通常与废弃物的表面粗糙度和颜色有关。

（3）折射率。矿山固体废弃物的折射率是指光线经过废弃物时的折射程度。折射率高的废弃物会使光线发生较大的偏折，而折射率低的废弃物则会使光线偏折较小。折射率通常与废弃物的组成和密度有关。

（4）吸收率。矿山固体废弃物的吸收率是指废弃物对光线能量吸收的程度。吸收率高的废弃物会吸收大部分光线的能量，而吸收率低的废弃物则较少吸收光线能量。吸收率通常与废弃物的颜色、化学成分和厚度有关。

矿物光学性质是鉴定矿物的重要依据之一，也用于评估宝石和某些特定矿物原料。通过研究废弃物的光学性质，可以了解其对光的相互作用情况，从而为废弃物的检测、分类和利用提供依据，如可利用废弃物中有用矿物与脉石矿物在光泽和颜色上的差异进行光电分选；可以用矿物的透明度来确定矿山固体废弃物是否可以用于光学材料或填料。

1.3.1.2 力学性质

矿山固体废弃物的力学性质包括它们在受到外力作用后表现出的一些特性，如应力-应变关系、强度、稳定性和变形特性等，这些性质对于矿山固体废弃物的管理和处理具有重要意义。

（1）应力-应变关系。矿山固体废弃物在受到外力作用时会产生应力和应变。应力是单位面积上的力，应变是物体的形变程度。通过研究矿山固体废弃物的应力-应变关系，可以了解其力学行为和材料特性。

（2）强度。矿山固体废弃物的强度是指其抵抗外力破坏的能力。研究矿山固体废弃物的强度可以评估其稳定性和安全性，为矿山废弃物处理和储存提供依据。矿山废弃物的硬度决定了其用途，硬度大的可作为磨料使用，而硬度小的可作为填料。此外，矿山废弃物的硬度决定了粉碎方法和粉碎设备的选择。

（3）稳定性。矿山固体废弃物的稳定性是指其在外力作用下保持稳定的能力。研究矿山固体废弃物的稳定性可以预测其发生滑坡、崩塌等灾害的可能，并采取相应的防治措施。

（4）变形特性。矿山固体废弃物在受到外力作用时会发生形变，包括弹性变形和塑性变形。了解矿山固体废弃物的变形特性可以评估其工程行为和变形趋势，为矿山废弃物处理和管理提供参考。

1.3.1.3 电学性质

矿山固体废弃物的电学性质是指其在电场作用下表现出的一些特性。这些特性包括电导率、介电常数、电容率等。

（1）电导率。矿山固体废弃物的电导率是指其导电能力。电导率高的废弃物可以更好地传递电流，而电导率低的废弃物则具有较好的绝缘性能。电导率通常与废弃物中的金属含量有关。

（2）介电常数。矿山固体废弃物的介电常数是指其在电场中的响应能力。介电常数高的废弃物在电场中受到的影响更大，而介电常数低的废弃物则受电场的影响较小。介电常数通常与废弃物中的含水量和孔隙度有关。

（3）电容率。矿山固体废弃物的电容率是指其存储电荷的能力。电容率大的废弃物可以存储更多的电荷，而电容率小的废弃物则存储能力较弱。电容率通常与废弃物的形态和结构有关。

矿山固体废弃物的电学性质对于其处理和利用也具有重要意义。例如，在采用电场分离或静电分离等技术处理废弃物时，需要考虑废弃物的电导率和介电常数等特性；在利用废弃物进行电化学反应或储能等方面，也需要考虑废弃物的电学性质。因此，深入研究矿山固体废弃物的电学性质可以为其处理和利用提供更多的可能性。

1.3.1.4 磁性和润湿性

矿山固体废弃物的磁性是指能被永久磁铁或电磁铁吸引，或本身能吸引铁质物件的性质，是其能否进行磁选回收的决定因素。润湿性是指矿山固体废弃物表面被液滴润湿的性质。易被水润湿的矿物称为亲水性矿物（如石英、方解石），不易被水润湿的矿物则称疏水性矿物（如石墨、辉钼矿）。不同润湿性的矿物具有不同的可浮性，因此，矿物润湿性是矿山固体废弃物能否进行浮选回收的决定因素。

（1）磁性。矿山固体废弃物的磁性是指其对磁场的响应能力。废弃物可以分为磁性和非磁性两类。磁性废弃物具有一定的磁性，可以被磁场吸引或产生磁化现象，例如含有铁矿石或其他磁性矿物的废弃物。非磁性废弃物则不受磁场影响，例如石灰石、砂岩等。

（2）润湿性。矿山固体废弃物的润湿性是指其与液体接触时的相互作用情况。润湿性可以通过接触角来描述，接触角是液体在固体表面上形成的一个角度。当液体在废弃物表面上展开良好且形成较小的接触角时，称为良好润湿性；当液体在废弃物表面上难以展开且形成较大的接触角时，称为差润湿性。

磁性和润湿性对于矿山固体废弃物的处理和利用具有一定的影响。在磁性方面，如果废弃物中含有磁性物质，可以利用磁力分离技术进行磁选，将磁性物质与非磁性物质分离。在润湿性方面，润湿性的好坏会影响废弃物与液体的接触和传质过程。对于一些需要与废弃物进行混合或浸泡的工艺，良好的润湿性可以促进液体与废弃物的充分接触和反应，提高处理效果。而差润湿性则可能导致液体在废弃物表面形成滴状或不均匀分布，降低反应效率。

1.3.2 化学性质

矿山固体废弃物的化学性质是指其化学成分、化学反应性和化学稳定性等方面的特性。

（1）化学成分。化学成分因矿山固体废弃物的来源和组成的不同而异。不同类型的废弃物可能含有不同的元素和化合物。例如，煤矸石废弃物可能富含碳、硫、氧等元素，而金属矿石废弃物可能含有铁、铜、铅等元素。了解废弃物的化学成分可以帮助评估其对环境和人体的潜在影响。

（2）化学反应性。某些废弃物可能与水或空气中的氧气发生反应，产生酸性或碱性物质，导致环境污染。例如，硫化矿废弃物暴露在空气中可能会氧化生成酸性物质，形成酸性矿山排水。了解废弃物的化学反应性可以帮助预测其在环境中的行为和潜在风险。

（3）化学稳定性。一些废弃物可能具有较高的化学稳定性，不易发生化学变化；而其他废弃物可能具有较低的化学稳定性，容易发生分解、溶解或反应。了解废弃物的化学稳定性可以帮助评估其长期储存和处理的可行性。

（4）溶解性。矿物及其成分的溶解度是衡量矿物中有价成分的浸出和回收的重要指标。内在的晶格类型和化学键、电价、离子半径大小、阴和阳离子半径之比及外部的 pH 值、温度和共存离子的影响是决定矿物溶解度的因素。

（5）氧化性。当原生矿物受到氧、二氧化碳和水的破坏时，它们会产生新的氧化物、氢氧化物和含氧盐。这种变化会影响矿物的成分、结构和表面特性。然而，当矿物被氧化时，它们会进一步富集某些金属或产生新的次生矿物，这为矿山废弃物的处理、处置和资源化提供了重要依据。

通过了解废弃物的化学成分、反应性、稳定性、溶解性和氧化性，可以制定相应的措施来减少环境污染风险，并选择合适的处理方法，例如化学处理、中和、固化等。

1.3.3 粒度分布

矿山固体废弃物的粒度是指废弃物中固体颗粒的大小分布。矿山废弃物的粒度通常以颗粒直径或颗粒尺寸来表示。具体的粒度分布会受到矿石类型、开采和处理方法等多种因素的影响。根据废弃物的来源和处理过程，矿山固体废弃物的粒度可以有很大的变化。

一般来说，矿山固体废弃物的粒度可以分为粗颗粒、中颗粒和细颗粒三类。粗颗粒通常指直径大于2 mm的颗粒，中颗粒指直径介于0.063~2 mm的颗粒，而细颗粒则指直径小于0.063 mm的颗粒。

矿山固体废弃物的粒度对其处理、运输和再利用具有重要影响。较大的粒度可以影响废弃物的稳定性和堆放效果，较小的粒度则可能导致废弃物难以处理和分离。块状物质可能需要进行破碎或爆破处理，以便更好地进行后续处理。而对于细粉状物质，则可能需要采用特殊的技术手段进行处理，以避免扬尘和环境污染。

1.3.4 组成成分

矿山固体废弃物通常由许多不同的矿物组成。这些矿物包括含氧盐矿物、硫化物及其类似化合物矿物、氧化物和氢氧化物矿物、卤化物矿物、自然元素矿物等。

1.3.4.1 含氧盐矿物

含氧盐矿物占已知矿物总量的2/3左右，在地壳中分布极为广泛。含氧盐矿物可分为四类：硫酸盐矿物、碳酸盐矿物、硅酸盐矿物和其他含氧盐矿物。

硅酸盐矿物约有800种，约占已知矿物种类的1/4，占地壳总质量的80%。硅酸盐矿物是许多非金属矿产和稀有金属矿产的来源。

碳酸盐矿物在自然环境中广泛存在，约有80种已知的碳酸盐矿物，占地壳总质量的1.7%，其中以Ca、Mg碳酸盐矿物最多，其次是Fe和Mn碳酸盐矿物。一些碳酸盐矿物是金属矿产的重要组成部分，如菱铁矿、菱锰矿等；其他包括方解石、白云石和菱镁矿。碳酸盐矿物是金属矿石中常见的脉石矿物。它们多为无色或浅色（含Fe和Mn的离子颜色较深），玻璃光泽，透明至半透明，硬度平均为中等（3~4），相对密度随阳离子变化而异（2.7~5），无磁性，不导电或导热，化学稳定性较差，在水中溶解度较低。

硫酸盐矿物在自然界中存在大约260种，但仅占地壳总质量的1%。其中常见和具有工业意义的矿物不多，主要是作为非金属矿物的原料（如石膏）。此类矿物通常颜色较浅，透明至半透明，多数玻璃光泽，硬度较低（1.5~3.5），除Pb和Ba的硫酸盐外，相对密度均较小。它们不具有磁性，是电、热的非导体，易溶于水，化学性质不稳定，含水硫酸盐溶液具有导电性。

其他不常见的含氧盐矿物包括硼酸盐、砷酸盐、硝酸盐、磷酸盐、钨酸盐和钼酸盐。

1.3.4.2 氧化物和氢氧化物矿物

氧化物和氢氧化物是地壳的主要组成部分，大约有200种氧化物和氢氧化物矿物，约占地壳总质量的17%。其中以SiO_2最常见，约占12.6%，再次是Fe的氧化物和氢氧化物，共占3.9%。还有Al、Mn、Cr、Ti的氧化物和氢氧化物。氧化物和氢氧化物是许多金属（如Al、Fe、Mn、Cr、Sn）、稀有金属和放射性金属（如Ti、Ta、Tr、Nb、U、Th）矿石的重要来源。此外，它们还是许多非金属原料（如耐火材料）和宝石的矿物来源。

1.3.4.3 硫化物及其类似化合物矿物

硫化物及其类似化合物矿物主要由金属硫化物组成，也包括与Se、As、Sb等金属相关的化合物，大约350种矿物，约占地壳总质量的0.15%。有色金属如Cu、Pb、Zn、Ni、

Co、Fe、Au、Ag 等也以硫化物为主要来源，它们在工业上非常重要。

1.3.4.4 其他矿物

除了以上矿物，矿山固体废弃物中还含有卤化物和自然元素矿物，但数量较少。萤石、石盐和钾盐是常见的卤化物矿物，铂族矿物、金刚石和石墨是常见的自然元素矿物。

1.4 矿山固体废弃物的危害

1.4.1 侵占土地

由于采矿废石和选矿尾矿的大量排放和堆放，侵占土地问题已成为矿山固体废弃物的首要问题。此外，其对地表的损伤和对土壤、水体和大气等一系列的危害也越来越严重。

全国矿山开采占用损毁土地 5400 多万亩。其中，正在开采的矿山占用损毁土地 2000 多万亩，历史遗留矿山占用损毁 3400 多万亩。固体污染物占据如此多的地表面积，导致大量侵占农业耕地，直接影响农业生产，并导致大片森林和植被掩埋（见图 1-1）。

图 1-1 矿山固体废弃物掩盖森林和植被

1.4.2 地质灾害

由于风力、水力、重力等自然力量的作用，规模较大的废石堆容易滑坡和塌落，雨量大时会导致泥石流（见图 1-2）。因此，矿山固体废弃物长期堆放会导致排土场滑坡、泥石流、尾矿库溃坝等重大地质和工程灾害，对国家和社会造成重大损害。根据对我国规模较大的 2000 多座排土场和 1500 多座尾矿库的统计，20 世纪 80 年代以来发生近百起泥石流和溃坝事故。例如，1986 年 4 月，黄梅山铁矿尾矿库发生溃坝，冲倒了尾矿库下游 3 km 的所有建筑，尾矿掩埋了大片土地，造成 19 人死亡，95 人受伤。2000 年，广西南丹县大厂镇鸿图选矿厂发生尾矿坝溃坝，殃及附近住宅区，造成 70 人伤亡，几十人失踪。金属矿山地质灾害频发，治理困难，治理费用有时甚至超过开采矿产品的价值。

图 1-2 矿山固体废弃物导致泥石流

1.4.3 环境危害

矿山固体废弃物成分非常复杂，含有许多有害物质，包括放射性物质。在堆放和处理过程中，它们会对矿区及其周边地区的大气环境、水环境和土壤环境等子系统造成污染，破坏生态平衡和降低环境质量，构成严重的社会公害。

矿业的固体废弃物常常占据大面积的地表土地，加剧了水土流失，导致生物链的不良反应、动物种群的迁移，也导致小区域的气候变异。例如，我国某些砂金矿区现已造成大面积地表植被破坏，导致严重的风沙化，引起了小区域气候变异。某些矿产区的绿山变成了石山、秃山，水土流失逐年加剧。规模较大的废石堆在风力、水力、重力等自然力的作用下，容易造成滑坡、塌落，雨量大时易导致泥石流，从而破坏环境，减少植物和动物物种。

矿山固体废弃物的堆放会导致空气污染。硫化物在废石中分解时会释放二氧化硫等有害气体。大气中 TSP 指标的主要污染源是服务期满的尾矿库库区，特别是选矿厂的尾矿库库区。在我国偏北方的金属矿山，气候干燥，降雨少，季风起动速度快，特别细的尾矿容易扬尘，周围数平方公里是尾矿污染严重的区域。金矿等的选矿药剂分解产生的气体和氰化尾矿释放的氰化物在空气中的含量也较高。使用金属汞的某些小型金矿会产生局部汞蒸气超标。而煤矿的煤矸石堆放则由于未压实等原因引起一定的透气、透水性，含一定的黄铁矿等，致使煤矸石的自燃在我国已成为频发的矿山环境与生态问题，其释放的 CO，会加剧温室效应，还会危害人体健康；另外煤矸石自燃时还会释放一系列有害气体，包括一氧化氮（NO）、二氧化氮（NO_2）、二氧化硫（SO_2）和一些挥发性有机物（VOCs），如多环芳烃（PAHs）等。

矿山固体废弃物的堆放会污染土壤，如尾矿库周围土壤中 Cu、Pb、Zn 和 Cd 等重金属元素含量明显升高。尾矿污染的土壤中的 P、Cr 和 Zn 会降低小麦种子发芽率。此外，微生物群和生物群数量在尾矿污染的土壤中明显降低。

1.5 矿山固体废弃物利用现状

随着经济的发展，人与自然和谐相处、可持续发展的理念深入人心。根据矿山固体废弃物的特点，对其进行合理的处理与处置，既可改善矿山生态环境，又能充分利用矿山固体废弃物中的有益成分。

1.5.1 矿山固体废弃物利用方式

矿山固体废弃物排放及堆存数量巨大，不但占用大量土地资源，严重污染环境，且尾矿、废石及煤矸石等含有大量可利用的金属和非金属矿物资源，造成资源浪费。回收这部分资源，变废为宝，经济效益可观，还可有效改善矿区环境，减少二次污染，生态环境效益显著。目前，世界各国在矿山固体废弃物污染治理中主要采用的方法有用作建筑材料、充填采空区、回收利用有用组分及造地复田等，已经取得了较好的成效。其中利用废石、尾矿充填采空区具有源头治理、循环利用等优势，是目前矿山固体废弃物污染治理的一种有效的途径，在国内外一些矿山已经开始应用，并取得了一些经验和成果。

（1）堆置处理。

此类处理主要为统一集中矿山固体废弃物后选择一个堆放地点。选择堆放地点时：

1）要考虑防止出现矿山固体废弃物不当放置而导致地下水水质恶化。

2）应该考虑到矿山固体废弃物在长期堆放过程中的分解过程。这种分解会产生大量微小污染物，污染当地地表水水质并增加水体含沙量。

3）必须充分考虑堆放产生的扬尘污染空气的问题，必须采取有效措施防止扬尘。

4）必须充分考虑矿山固体废弃物的安全问题，因为堆放过多会导致不稳定系数的增加，导致泥石流等灾难。

5）必须仔细研究当地的自然环境因素并合理规划堆放场地。

另一方面，在决定如何堆放固体废弃物时，必须充分考虑废弃物自身的特征，尤其是那些具有较高堆放难度系数的废弃物。在选择尾矿坝的主要材料时，必须考虑其防水性能和承载能力。

（2）复垦处理。

目前，在进行矿山开发的同时，对矿山固体废弃物进行复垦处理是一种非常流行的方法。在矿山开采前，表土可用于储存。当矿产开发结束后，可利用矿山固体废弃物填充因开发而产生的采空区，并通过适当的绿化来完成整个复垦处理过程。复垦后，原有土地具备生产生活条件。

（3）填埋处理。

填埋处理通常指在开采矿产资源的同时及其结束后，为防止出现不合理的采空区将其有效填充。这种方法通常采用尾矿砂与水泥的合理级配形成胶状物，从而防止矿山坍塌并保护工人的生命。

（4）回收有用元素。

矿山固体废弃物通常含有较多的金属残留，如果通过有效的方法提取废弃物中的金属元素，既降低了废弃物的毒性，又使资源得到合理的利用。

（5）制成建材。

对矿山固体废弃物进行适当处理后，可以用来生产建筑材料。

1）固体废弃物中含有大量的铝、硅等元素，可以制成常见的水泥、砖材等建筑材料。2）固体废弃物中存在大量石英，可以为玻璃制作提供材料。3）煤矿生产期间产生大量固体废弃物，如煤矸石、废石等，能作为铸石的主要材料。

1.5.2 国内外固体废弃物利用现状

国内外固体废弃物利用现状有以下几点：

（1）国内和国外的固体矿山废弃物产生量和种类存在差异。国内矿山产业规模庞大，因此产生的固体矿山废弃物也较多。而国外一些发达国家在环境保护和资源利用方面投入更多，可能采取了更多的措施来减少废弃物的产生，因此废弃物产生量较少。此外，国内的主要矿种和开采方式也与国外不同，导致废弃物的种类和性质有所差异。

（2）国内和国外在固体矿山废弃物处理和利用方面的技术水平存在差异。一些发达国家在固体废弃物处理和资源利用方面拥有先进的技术和设备，能够实现高效地分类、回收和再利用。而国内在这方面可能还存在一定的技术和设备落后情况，需要进一步提升。

（3）国内和国外的法律法规和政策环境也有所不同。一些发达国家在环境保护和资源利用方面制定了严格的法律法规和政策，鼓励和支持固体矿山废弃物的利用。国内也有相关的法律法规，但在执行和监管方面还需要进一步加强。

（4）国内和国外在固体矿山废弃物处理和利用的社会意识和参与程度也存在差异。一些发达国家的公众对于环境保护和可持续发展有较高的认识和参与度，支持和推动固体矿山废弃物的综合利用。而国内的公众意识和参与度还有待提高。

总的来说，国内和国外在固体矿山废弃物综合利用方面存在一些区别，但国内可以借鉴国外的经验和技术，加强技术水平、完善法律法规和政策、提高公众意识和参与度，以推动固体矿山废弃物的处理和利用。同时，国内也可以与国外进行合作交流，共同促进固体矿山废弃物综合利用的发展。

习　题

1-1　矿山固体废弃物主要来源有哪些？列举并简要描述。

1-2　矿山固体废弃物对环境和生态系统造成了哪些影响？

1-3　为什么需要对矿山固体废弃物进行处理和处置？

1-4　目前常用的矿山固体废弃物处理技术有哪些？

1-5　在矿山固体废弃物处理和处置过程中，可能会出现哪些问题和挑战？

1-6　请结合实际案例，探讨矿山固体废弃物处理过程中可能面临的法律、道德和社会责任问题，并提出相应的解决方案。

1-7　矿山固体废弃物与可持续发展之间存在着怎样的关系？从经济、环境和社会角度进行分析，并提出促进可持续发展的建议。

2 矿山固体废弃物的堆存和钝化处理

矿山固体废弃物的堆存和钝化处理是矿山废弃物管理中的重要环节。通过合理的堆存管理可以减少对环境的影响并为社会带来一定的经济效益。通过钝化处理可以有效地稳定废弃物中的有毒有害物质，从而减少对环境和人类健康的影响。

2.1 矿山固体废弃物的堆存

矿山固体废弃物的堆存是指将开采过程中产生的固体废弃物进行集中、分类、储存和管理的方法。在矿山开采过程中，会产生大量的废石、尾矿等固体废弃物。这些废弃物不仅占用大量土地，而且会对环境造成污染。因此，合理的堆存管理对于保护环境和节约资源具有重要意义。

矿山固体废弃物的堆存不仅有助于保护环境，还可给社会带来一定的经济效益。例如，将废石用于铺路、填方等工程中，可以节约大量的天然资源。此外，有些矿山固体废弃物中可能含有丰富的矿产资源，通过合理的堆存管理，可以对其进行有效回收利用。

2.1.1 矿山固体废弃物堆存的管理规定

2.1.1.1 矿山固体废弃物堆存的管理标准

A 废弃物分类与识别

制定标准用于识别和分类不同类型的矿山固体废弃物，可以为后续采取适当的管理和处理方法提供基础。

（1）分类系统：建立一个细致而全面的矿山固体废弃物分类系统，以便对废弃物进行准确的分类。这个系统可以考虑废弃物的来源、成分、性质、毒性等因素，以便更好地了解不同类型废弃物的特点和处理要求。

（2）标识和标记：为不同类别的矿山固体废弃物制定统一的标识和标记方式，以便在处理、堆存和运输过程中进行准确识别和追踪。这可以确保废弃物被正确处理，并避免混淆或错误处理的情况。

（3）物理特性测试：制定测试方法和标准，用于评估废弃物的物理特性，包括颗粒大小、密度、水分含量等。这些测试可以帮助确定适当的处理方式和处理设施。

（4）化学成分分析：进行化学成分的分析，以确定废弃物中存在的元素、物质和化学物质的浓度。这有助于了解废弃物的潜在危害程度，并选择适当的处理方法。

（5）毒性评估：评估废弃物的毒性，包括重金属、有害有机物等的含量和潜在毒性。这样可以确定废弃物对环境和生态系统的潜在危害，并采取相应的预防和处理措施。

（6）环境影响评估：进行环境影响评估，研究废弃物对周围环境的潜在影响，包括土壤、水源质量和大气质量等。这有助于确定正确的废弃物处理方法，并采取适当的防控措施以减少环境风险。

矿山固体废弃物分类和识别的目标是为确保废弃物能够被准确识别、分类和处理，从而保护环境和有效地管理废弃物。这些工作需要综合考虑废弃物的特性、法律要求和技术可行性。

B 堆存技术标准

建立堆存技术标准，包括堆存设计、建设、运营和监测等方面，确保固体废弃物的安全堆存。

（1）堆存设计和建设要求：确立矿山固体废弃物堆存的设计原则和要求，包括堆存区域的选址、可行性研究、土地利用规划等。这些要求应考虑地质、水文地质、环境脆弱性等因素，并采取适当的措施来避免或减轻潜在的环境风险。

（2）堆存操作和管理规范：建立操作和管理规范，包括废弃物的堆存方法、层压措施、覆盖物的使用、喷灌水量控制等。这些规范旨在确保废弃物的稳定和安全堆存，防止不必要的渗漏、坍塌、风化和其他不良影响。

（3）监测和评估要求：建立堆存安全监测和评估体系，包括废弃物渗漏监测、水质监测、气象监测、变形监测等。这些要求有助于及时检测和评估堆存系统的性能，以及发现潜在的漏洞、故障或安全问题。

（4）废弃物堆存后期治理和维护：确立废弃物堆存后期治理和维护要求，包括监测、维护、管理、修复和封闭等。这些要求有助于确保废弃物堆存系统在使用寿命结束后进行适当的处理和封闭，以降低环境和人体健康的潜在风险。

（5）废弃物堆存可持续性考虑：在制定技术标准时，应充分考虑废弃物堆存的可持续性。

C 废弃物检测与分析

制定检测和分析标准以评估废弃物的组成、性质和潜在危害，以确定适当的处置方法。

（1）成分检测。成分检测是指通过化学分析、物理分析等方法，了解废弃物的成分和含量。例如，可以对废弃物中的金属元素、有机物、无机物等成分进行分析，了解它们对环境的影响及处理方式。

（2）物理性质检测。物理性质检测是指通过测量废弃物的密度、颜色、形态等信息，了解废弃物的物理性质。例如，对于一些粉末状的废弃物，可以通过粒度分析、比表面积测定等方法，了解其颗粒大小和表面特性。

（3）化学性质检测。化学性质检测是指通过化学分析、光谱分析等方法，了解废弃物的化学性质。例如，可以通过红外光谱、X 射线荧光光谱等方法，了解废弃物的结构和成分。

（4）微生物检测。微生物检测是指通过检测废弃物中的微生物种类和数量，了解废弃物对环境的影响。例如，可以通过菌落计数法、PCR 技术等方法，了解废弃物中的细菌、真菌等微生物的数量和种类。

（5）环境评估。环境评估是指通过对废弃物和周围环境进行监测，了解废弃物对周围环境的影响。例如，可以通过土壤、水质、空气质量等方面的监测，了解废弃物对周围环境的影响及程度。

总之，矿山固体废弃物检测与分析是非常重要的，它可以帮助我们更好地了解废弃物的性质和对环境的影响，为制定合适的处理方案提供依据。

2.1.1.2　矿山固体废弃物堆存的管理制度

矿山固体废弃物堆存的管理制度旨在规范矿山固体废弃物的处理和处置过程，包括规划设计阶段的环境影响评价、施工阶段的监督管理、运行阶段的监测评估、废物分类管理、废物清理处置和遵守法律法规等方面。通过科学管理和合规运营，确保矿山固体废弃物的安全稳定处置，最大程度减少对环境的影响，促进资源的可持续利用和环境的可持续发展。

（1）分类管理制度。固体废物具有量大面广、成分复杂的特点，因此《中华人民共和国固体废物污染环境防治法》确立了对城市生活垃圾、工业固体废物和危险废物分别管理的原则，明确规定了主管部门和处置原则；在《中华人民共和国固体废物污染环境防治法》第八十一条中明确规定“收集、贮存危险废物，应当按照危险废物特性分类进行。禁止混合收集、贮存、运输、处置性质不相容而未经安全性处置的危险废物。贮存危险废物应当采取符合国家环境保护标准的防护措施。禁止将危险废物混入非危险废物中贮存。”

（2）工业固体废物申报登记制度。为了使环境保护主管部门掌握工业固体废物和危险废物的种类、产生量、流向及对环境的影响等情况，进而有效地防治工业固体废物和危险废物对环境的污染，《固体法》规定：“产生工业固体废物的单位应当建立健全工业固体废物产生、收集、贮存、运输、利用、处置全过程的污染环境防治责任制度，建立工业固体废物管理台账，如实记录产生工业固体废物的种类、数量、流向、贮存、利用、处置等信息，实现工业固体废物可追溯、可查询，并采取防治工业固体废物污染环境的措施。禁止向生活垃圾收集设施中投放工业固体废物”。

（3）建设项目的环境影响评价文件确定需要配套建设的固体废物污染环境防治设施，应当与主体工程同时设计、同时施工、同时投入使用。环境影响评价和“同时”制度是我国环境保护的基本制度，《固体法》进一步重申了这一制度。

（4）排污收费制度。排污收费制度也是我国环境保护的基本制度。但是，固体废物的排放与废水、废气的排放有着本质的不同。废水、废气进入环境后，可以在自然中通过物理、化学、生物等多种途径进行稀释、降解，并且有着明确的环境容量。而固体废物进入环境后，并没有与其形态相同的环境体接纳。固体废物对环境的污染是通过释放出水和大气污染物进行的，而这一过程是长期的和复杂的，并且难以控制。因此，从严格意义上讲，固体废物是严禁不经任何处置排入环境中的。《固体法》规定：“对暂时不利用或者不能利用的，应当按照国务院生态环境等主管部门的规定建设贮存设施、场所，安全分类存放，或者采取无害化处置措施。贮存工业固体废物应当采取符合国家环境保护标准的防护措施。建设工业固体废物贮存、处置的设施、场所，应当符合国家环境保护标准”，这样，任何单位都被禁止向环境排放固体废物。而固体废物排污费的缴纳，则是针对那些在按照规定和环境保护标准建成工业固体废物贮存或者处置的设施、场所，或者经改造这些设施、场所达到环境保护标准之前产生的工业固体废物而言的。

（5）限期治理制度。《固体法》规定：“国务院工业和信息化主管部门应当会同国务院有关部门组织研究开发、推广减少工业固体废物产生量和降低工业固体废物危害性的生产工艺和设备，公布限期淘汰产生严重污染环境的工业固体废物的落后生产工艺、设备的名录。生产者、销售者、进口者、使用者应当在国务院工业和信息化主管部门会同国务院有关部门规定的期限内分别停止生产、销售、进口或者使用列入前款规定名录中的设备。生产工艺的采用者应当在国务院工业和信息化主管部门会同国务院有关部门规定的期限内停止采用列入前款规定名录中的工艺。列入限期淘汰名录被淘汰的设备，不得转让给他人使用”。

（6）进口废物审批制度。《固体法》明确规定：“禁止中华人民共和国境外的固体废物进境倾倒、堆放、处置。国家逐步实现固体废物零进口，由国务院生态环境主管部门会同国务院商务、发展改革、海关等主管部门组织实施。海关发现进口货物疑似固体废物的，可以委托专业机构开展属性鉴别，并根据鉴别结论依法管理”。为贯彻《固体法》的这些规定，1996 年 4 月 1 日颁布的《废物进口环境保护管理暂行规定》规定了废物进口的三级审批制度、风险评价制度和加工利用单位定点制度；在这一规定的补充规定中，又规定了废物进口的装运前检验制度。通过这些制度的实施，有效地遏制了曾受到国内外瞩目的“洋垃圾入境”的势头，维护了国家尊严和国家主权，防止了境外固体废物对我国的环境污染。

（7）危险废物行政代执行制度。由于危险废物的有害特性，其产生后如不进行适当的处置而任由产生者向环境排放，则可能造成严重危害，因此必须采取一切措施保证危险废物得到妥善地处理处置。《固体法》规定：“产生危险废物的单位，应当按照国家有关规定制定危险废物管理计划；建立危险废物管理台账，如实记录有关信息，并通过国家危险废物信息管理系统向所在地生态环境主管部门申报危险废物的种类、产生量、流向、贮存、处置等有关资料。前款所称危险废物管理计划应当包括减少危险废物产生量和降低危险废物危害性的措施以及危险废物贮存、利用、处置措施。危险废物管理计划应当报产生危险废物的单位所在地生态环境主管部门备案。产生危险废物的单位已经取得排污许可证的，执行排污许可管理制度的规定。产生危险废物的单位，应当按照国家有关规定和环境保护标准要求贮存、利用、处置危险废物，不得擅自倾倒、堆放”。行政代执行制度是一种行政强执行措施，这一措施保证了危险废物能得到妥善、恰当的处置。而处置费用由危险废物产生者承担，也符合我国“谁污染谁付费”的原则。

（8）危险废物经营单位许可制度。危险废物的危险特性决定了并非任何单位和个人都能从事危险废物的收集、贮存、处理、处置等经营活动。从事危险废物的收集、贮存、处理、处置活动，必须既具备达到一定要求的设施、设备，又要有相应的专业技术能力等条件。必须对从事这方面工作的企业和个人进行审批和技术培训，建立专门的管理机制和配套的管理程序。因此，对从事这一行业的单位的资质进行审查是非常必要的。《固体法》规定，“产生工业固体废物的单位应当取得排污许可证。排污许可的具体办法和实施步骤由国务院规定。产生工业固体废物的单位应当向所在地生态环境主管部门提供工业固体废物的种类、数量、流向、贮存、利用、处置等有关资料，以及减少工业固体废物产生、促进综合利用的具体措施，并执行排污许可管理制度的相关规定”。许可制度将有助于我国危险废物管理和技术水平的提高，保证危险废物的严格控制，防止危险废物污染环境的事故发生。

（9）危险废物转移报告单制度。危险废物转移报告单制度的建立，是为了保证危险废物的运输安全，以及防止危险废物的非法转移和非法处置，保证危险废物的安全监控，防止危险废物污染事故的发生。

2.1.2 尾矿库堆存

尾矿库（tailing pond）是指筑坝拦截谷口或围地构成的，用以贮存金属、非金属矿山进行矿石选别后排出尾矿的场所。

2.1.2.1 *尾矿的堆存*

选矿厂尾矿的堆存方式分为干式和湿式两种。干式堆存是指选矿后的尾矿或脱水后的粗粒尾矿通过带式输送机或其他运输设备运到尾矿库堆存。湿式堆存是指采用水力冲积法筑坝堆存选矿后的尾矿矿浆，目前，我国绝大多数选矿厂都使用这种堆存方法来堆放尾矿。

2.1.2.2 *尾矿处置设施*

选矿厂的尾矿设施一般包括尾矿贮存系统、尾矿输送系统、回水系统及尾矿水净化系统。作为尾矿堆积场地的尾矿库，一般是由图 2-1 中设施组成。

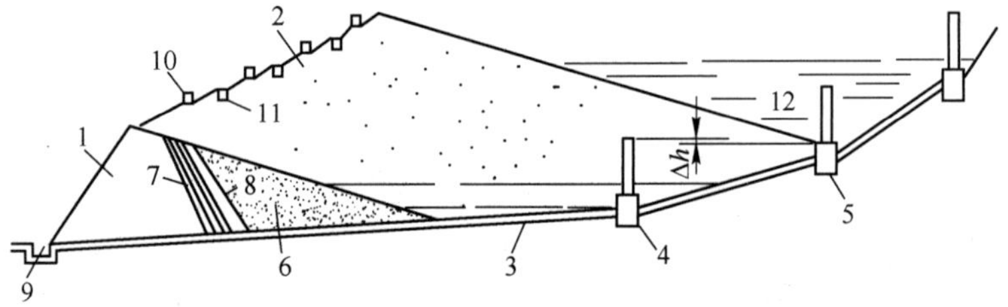

图 2-1 尾矿库纵剖面示意图

1—初期坝；2—堆积坝；3—排水管；4—第一个排水井；5—后续排水井；6—尾矿沉积滩；7—反滤层；8—保护层；9—排水沟；10—观测设施；11—坝坡排水沟；12—尾矿池

尾矿坝，作用是使尾矿库形成一定容积，便于尾矿矿浆堆存其内，通常包括初期坝、堆积坝两部分。初期坝是支撑棱体，具有支撑后期堆积体和疏干堆积坝的作用；堆积坝是选矿厂投产后，在初期坝的基础上利用尾矿本身逐年堆筑而成，是拦挡细粒尾矿和尾矿水的支承体。

排渗设施，收集和排出尾矿堆积坝内的渗流水，有助于降低堆积坝的浸润线。

排洪设施，排泄尾矿库内的澄清水和洪水，由溢水和排水结构组成。

观测设施，实时监测尾矿库在生产中的运行状态。

回水设施，回收尾矿库内澄清水资源。

其他设施，如通信照明设施、管理设施、交通设施、筑坝机具等。

通过这些设施的协同工作，尾矿库能够安全、高效地发挥其存储和管理的功能。

2.1.2.3 *尾矿库的类型*

尾矿库是堆存尾矿的场所，多由堤坝和山谷围截而成。按照地形条件及建筑方式，尾矿库可分为山谷型、山坡型、截河型、平地型 4 种（见图 2-2）。按筑坝的方式，又可分为一次筑坝型（包括废石筑坝）和尾矿堆坝型两种。

（1）山谷型尾矿库，在山谷谷口处筑坝形成的尾矿库，如图 2-2（a）所示。其特点在于初期坝相对较短，从而减少了坝体工程量。同时，后期尾矿堆坝的管理和维护相对容易，当堆坝达到一定高度时，能够获得较大的库容。此外，库区纵深较长，使得澄清距离和干滩长度更容易满足设计要求。然而，这种尾矿库的汇水面积较大，导致流入库内的洪水量增大，进而增加了排水构筑物的复杂性。目前，我国大多数大中型尾矿库都采用了这种类型。

（2）山坡型尾矿库，在山坡脚下依山筑坝所围成的尾矿库，如图 2-2（b）所示。其特点是初期坝相对较长，因此初期坝和后期尾矿堆坝的工程量较大。由于库区纵深较短，澄清距离和干滩长度受到一定限制，导致后期堆坝高度通常不高，进而限制了库容的大小。尽管汇水面积较小，但调洪能力也相对较弱，使得排洪设施的进水构筑物较大。由于尾矿水的澄清条件和防洪控制条件较差，管理和维护相对复杂。这种尾矿库在国内的低山丘陵地区较为常见。

（3）截河型尾矿库，截取一段河床，在其上、下游两端分别筑坝形成的尾矿库，如图 2-2（c）所示。有些情况下，会在宽浅式河床上留出一定的流水宽度，通过三面筑坝围成尾矿库。这种尾矿库的特点是不占用农田，但库区汇水面积虽然不大，库外上游的汇水面积却通常较大，因此需要在库内和库上游都设置排水系统，配置相对复杂且规模较大。这种类型的尾矿库维护管理较为复杂，因此国内采用者并不多。

（4）平地型尾矿库，在平坦地面四面筑坝围成的尾矿库，如图 2-2（d）所示。其特点是初期坝和后期尾矿堆坝的工程量较大，管理和维护相对烦琐。由于周边堆坝，库区面积会逐渐减小，尾矿沉积滩的坡度也会逐渐减缓，从而导致澄清距离、干滩长度及调洪能力逐渐减小，堆坝的高度也受到一定限制。然而，这种尾矿库的汇水面积较小，因此排水构筑物相对较小。通常，在缺乏适当山谷、河滩或坡地的地方，或者上述两种尾矿库都不适用的情况下，才会选择采用这种尾矿库。在国内的平原或沙漠地区，这种尾矿库的应用较为广泛，例如金川、包钢及山东省的一些金矿尾矿库。

尾矿库选址时需遵循一系列重要原则，以确保其安全有效：

（1）应避免将尾矿库建在工矿企业、大型水源地、水产基地和大型居民区的上游位置，同时也不能位于国家和省级重点保护的名胜古迹之上，还应尽量避免覆盖在有开采价值的矿床之上。

（2）选址应优先考虑有利于形成足够库容的地形，如天然洼地，这样可以减少坝堤的长度，从而节省建设成本。当单个库容无法满足需求时，应考虑划分为多个库区，每个库区的使用年限应至少为 5 年。

（3）尾矿库应尽量靠近选矿厂，以缩短尾矿的输送距离，减少输送成本，并尽可能利用自流方式或较小的扬程。此外，尾矿堆置地点应位于厂区、居民区主导风向的下风向，以减少潜在的环境影响。

（4）为减少水患风险，应尽量选择汇雨面积较小的地点。若汇雨面积较大，则坝址附近或库岸应具备适合挖掘溢洪道的地形条件。

（5）坝址和库区应具备稳定的地质条件，以便简化坝基处理，同时确保两岸山坡的稳定。在选址过程中，应避开溶洞、泉眼、淤泥、活断层、滑坡等不良地质构造或地质结构复杂的区域。

（6）为降低筑坝工程的成本，应尽量选择筑坝工程量较小的地点，并确保生产管理

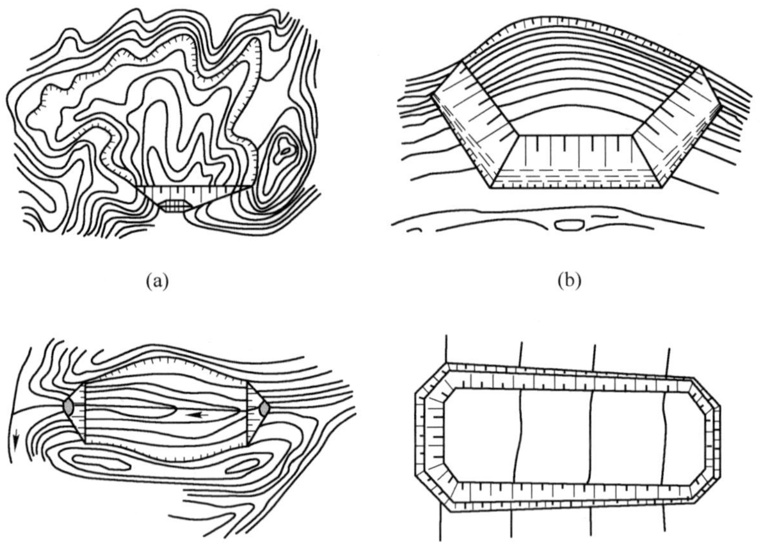

(a) (b) (c) (d)

图 2-2 几种不同类型的尾矿库

（a）山谷型尾矿库；（b）山坡型尾矿库；（c）截河型尾矿库；（d）平地型尾矿库

便捷。同时，库区附近应有充足的筑坝材料供应。

（7）在确定库址、尾矿输送和贮存方式及设施时，应进行全面的方案比较，选择最优方案。

（8）在选址过程中，应尽量减少对农田的占用，避免或减少对村庄的搬迁，以减轻对当地社会和经济的影响。

2.1.2.4 *尾矿库的等别划分*

尾矿库各使用期的设计等别应根据该期的全库容和坝高分别按表 2-1 确定。当两者的等差为一等时，以高者为准；当等差大于一等时，按高者降低一等。尾矿库失事将使下游重要城镇、工矿企业或铁路干线遭受严重灾害，因此其设计等别可提高一等。

表 2-1 尾矿库的等别划分

等 别	全库容 V/万立方米	坝高 H/m
一	二等库具备提高等别条件者	
二	$V \geqslant 10000$	$H \geqslant 100$
三	$1000 \leqslant V < 10000$	$60 \leqslant H < 100$
四	$100 \leqslant V < 1000$	$30 \leqslant H < 60$
五	$V < 100$	$H < 30$

注：1. 库容指校核洪水位以下尾矿库的容积。

2. 坝高指尾矿堆积标高与初期坝轴线处坝底标高的高差。

尾矿库失事造成的损失与尾矿库内的尾矿量和尾矿坝的高度成正比。由于尾矿库在使用过程中尾矿量会逐渐增多，尾矿坝也会逐渐增高，因此不同使用阶段失事所造成的危害程度各不相同。因此，根据尾矿库的库容和坝高将其在整个生产过程中划分为不同的等别是合理的。此外，尾矿库在初期阶段调洪能力相对较弱，而到了后期阶段则具有更强的调洪能力。所以，在初始设计时，尾矿库通常采用较低的等别，然后在中期和后期逐步提高其等别，这样可确保排洪设施能够适应不同使用阶段的防洪需求，实现更为经济合理的设计。基于以上原则，我国的设计规范为尾矿库等别的划分提供了明确的指导。

尾矿库构筑物的级别根据尾矿库等别及其重要性按表 2-2 确定。

表 2-2 尾矿库构筑物的级别

等别	构筑物的级别		
	主要构筑物	次要构筑物	临时构筑物
一	1	3	4
二	2	3	4
三	3	5	5
四	4	5	5
五	5	5	5

注：主要构筑物指尾矿坝、库内排水构筑物等实施后难以修复的构筑物；次要构筑物指失事后不致造成下游灾害或对尾矿库安全影响不大并易于修复的建筑物；临时构筑物指尾矿库施工期临时使用的构筑物。

2.1.2.5 尾矿库的修建与维护

(1) 对于尾矿库所处的不良地质条件，必须实施切实有效的治理措施，确保尾矿库的稳定性。

(2) 若计划利用已停采的露天采矿场改建尾矿库，则需针对其稳定性进行深入论证。特别地，若尾矿库下方仍有采矿作业，必须确保地下采矿作业的安全。

(3) 尾矿库施工设计文件应明确一系列生产运行安全控制参数，这些参数包括但不限于尾矿库设计的最终堆积高程、坝体最大高度、总库容，以及尾矿坝的堆积坡比。同时，还需考虑不同堆积高度下，库内水位的正常控制范围、调洪高度、安全超高及干滩长度等要素，并对尾矿坝的浸润线进行有效控制。

(4) 尾矿库设计应专门设立安全篇章，该篇章应全面分析尾矿库位置可能存在的安全隐患，包括但不限于库区汇水面积、排洪能力、最大暴雨及洪水发生频率，地形地貌特征，以及下游居民区可能遭受的危害程度。此外，还需对尾矿库初期坝和堆积坝的稳定性进行深入分析，并探讨尾矿库的安全管理措施，以及尾矿坝动态监测和通信设备配置的可靠性。

在尾矿库的生产运行过程中，难免会出现一些异常现象，对这些现象必要时首先采取应急措施，然后分析其原因，确定处理措施。尾矿库部分异常迹象及其处理措施见表 2-3。

表 2-3 尾矿库部分异常迹象及其处理措施参考表

迹象	原因	处理措施
坡脚隆起	坡脚基础变形	先降库水位，再坡脚压重
坝坡渗水及沼泽化	浸润线过高	先降库水位，加长沉积滩，采取降低浸润线措施
	不透水初期坝导致浸润线高	在略高于初期坝顶部位设排渗设施
	矿泥夹层引起悬挂水的逸出	打砂井穿透矿泥夹层

续表 2-3

迹　象	原　因	处理措施
坝坡或坝基冒砂	渗流失稳	先降库水位，铺反滤布，压上碎石或块石，设导流沟，必要时加排渗设施
坝坡隆起	边坡太陡	先降库水位，再放缓边坡或加固边坡
	矿泥集中，饱和强度太低	先降库水位，加排渗设施或加固边坡
坝坡向下游位移或沿坝轴向裂缝	基础强度不够	先降库水位，坝坡脚压重加固基础
	边坡剪切失稳	先降库水位，再降低浸润线 或加固边坡
堆积坝塌陷	排水管破坏或漏矿	先降库水位，加固或新建排水管，再填平塌坑
	排渗设施破坏	先降库水位，抛少量小石块，再抛碎石、砂，或开挖处理
	岩溶溶洞塌陷	先降库水位，抛树枝、块石、碎石、砂，再以黏土分层夯实填平
洪水位过高	调洪库容小或泄水能力小	先降库水位，改造排洪设施，增大泄水能力或利用后期排洪设施截洪

2.1.2.6 *尾矿库堆存的优缺点*

矿山固体废弃物尾矿库堆存的优点主要包括：

(1) 储存空间大：尾矿库可以容纳大量的尾矿废料，使得矿山固体废弃物的储存空间得到有效的利用。

(2) 储存条件好：尾矿库的设计和建设通常会考虑到各种环境因素，包括气候、地形、水文等，以确保尾矿废料能够在安全、稳定的情况下得到储存。

(3) 降低污染风险：通过将尾矿废料集中储存，可以减少尾矿废料对周边环境和地下水的污染风险。

(4) 资源化利用：一些尾矿废料中可能含有有价值的矿物资源，通过合理的处理和回收，可以降低资源浪费并提高经济效益。

然而，矿山固体废弃物尾矿库堆存也存在一些缺点：

(1) 土地资源占用：尾矿库需要占用大量的土地资源，对于土地资源相对紧张的地区，可能会带来一定的压力。

(2) 环境风险：虽然尾矿库的设计和建设会考虑到环境因素，但是在极端天气或人为失误的情况下，仍然有可能发生尾矿泄漏、环境污染等风险。

(3) 管理难度：尾矿库的运营和管理需要专业的技术和设备，同时需要加强人员的培训和管理，以确保尾矿库的安全和稳定运行。

2.1.3 排土场堆存

排土场（dump、waste dump、waste pile）又称废石场，是指矿山采矿排弃物集中排放的场所。采矿是指露天采矿和地下采矿，包含矿山基建期间的露天剥离和井巷掘进开拓；废弃物一般包括腐殖表土、风化岩土、坚硬岩石及混合岩土，有时也包括可能回收的表外矿、贫矿等。

排土场的选址和建设不仅有经济价值，而且对土地复垦、人文景观和生态环境产生重大影响。它还将对矿山生产能力、开采程序、开采境界、开采方法、工业设备和其他因素产生重大影响。

2.1.3.1 排土场的类型

排土场根据不同的特征和条件可以进行多样化的分类。

（1）从位置角度出发，排土场可被区分为内排土场和外排土场。内排土场主要适用于埋藏深度适中的水平或缓倾斜矿层，其显著优势在于充分利用采空区、缩短运输距离、节约土地资源，并有助于增强边坡的稳定性。而外排土场则适用于露天矿的初建阶段，特别是在矿床地质条件或运输条件不允许在采场内部设置内排土场的情况下。

（2）从排土方法来看，排土场的分类与所采用的排土设备结构密切相关。例如，巨型电铲、吊斗铲等设备可直接从剥离工作面将剥离物排入采空区。而有轨或无轨运输设备则将剥离物运至外排土场，再由推土机、电铲等设备进行倒堆。具体来说，推土机排土场具有工序简单、堆置高度大、设备灵活等优点，适用于中、小露天矿的内、外排土场。推土犁排土场则适用于大型露天矿的内、外排土场，尤其适合准轨运输。电铲排土场适用于各种地质条件和大、中型露天矿的内、外排土场。多斗或轮斗铲排土场适用于松软岩石，并因其巨大的生产能力而特别适用于大型露天矿。吊斗铲排土场工艺简单，适用于内排土场。皮带输送机或排土桥排土场连续生产能力大，适用于特定类型的露天矿内排土场。钢绳皮带输送机排土场具有连续生产力大和可爬陡坡的优点，适用于高差较大的大、中型露天矿的内、外排土场。铲运机排土场适用于小型露天矿内排土场，因其设备灵活，能铲能运。前装机排土场则适用于大、中型露天矿的高台阶排土及电力不足的地区。

（3）根据排土工作水平的不同，排土场可分为单层式、双层式及多层式。当排土量巨大时，为增加排土场容量并减少土地占用，常选择多层式排土场。

（4）根据同一排土台阶铺设的排土线数量，排土场可分为单线排土场和多线排土场。

此外，排土场还可根据区域地形特征进行分类，如平地排土场和山坡排土场等。这些分类方式有助于更全面地理解和应用排土场，以满足不同露天矿的特定需求。

2.1.3.2 排土场的选址

在选择排土场的位置时，应遵循如下准则：

（1）为确保排土作业不会因大块滚石、滑坡、塌方等风险因素威胁到采矿场、工业场地、居民生活区、铁路交通、道路安全、电力及通信设施、农田耕作区、水域环境、隧洞工程等关键设施的安全，排土场的位置选择必须审慎进行。

（2）排土场不宜设立在工程地质或水文地质条件较差的区域，若地基条件不佳可能对安全构成威胁，则必须采取相应的加固措施，以确保排土场的安全稳定。

（3）在选址过程中，应尽量避免将排土场置于可能引发矿山泥石流的危险区域，若无法避免，则必须采取切实有效的防范措施，以预防泥石流等自然灾害的发生。

（4）排土场的位置应避免选在居民区或工业建筑主导风向的上风向，以及生活水源的上游，以防止废石中的污染物对居民生活和工业生产造成不利影响。同时，废石的堆放和处置应严格按照《一般工业固体废弃物贮存和填埋污染控制标准》（GB 18599—2020）执行，确保环境安全。

2.1.3.3 排土场的发展方式

排土场的发展方式是指排土场内各排土线在时间、空间上的发展程序，见表2-4。一般分为两类，即单排土线和多排土线发展。

表2-4 排土场的发展方式

方 式	特 点	适用条件
平行式	1. 步距固定； 2. 卸车好； 3. 线路逐步缩短	缓山坡排土场
扇形式	1. 步距不定； 2. 线路逐步缩短； 3. 铺设、移道简单	山坡排土场
曲线式	1. 步距不定； 2. 线路增长； 3. 铺设复杂需接短轨	
环形式	1. 线路不断增长； 2. 能容纳较多列车； 3. 生产集中； 4. 发生故障时易堵塞线路	平地排土场

单排土线发展意味着在单个排土场内的同一高度层仅设置一条排土线，这些排土线之间具备交替工作的潜力。在大多数排土线运作的同时，少数排土线则处于准备状态。单排土线的发展形式主要包括平行、扇形、曲线形和环形4种。

而多排土线发展则指的是在一个排土平台上布置多条排土线，这些线相互关联并共同发展。通常，多排土线的发展形式主要为曲线形和环形两种。这种发展方式不仅适用于山坡排土场（常采用单侧曲线发展），也适用于平地排土场（采用环形发展方式）。

多排土线发展方式因其强大的排土能力而在露天煤矿中得到广泛应用。台阶的数量则根据地形条件或实际需求来确定。

以推土犁排土场的发展为例，我们可以进一步理解上述几种发展方式。值得注意的是，电铲排土场通常是在原有推土犁排土场的基础上进行改造的，因此也具有平行、扇形、曲线形和环形等多种发展方式。

A 排土线平行发展方式

平行发展方式的主要特征是排土台阶的坡肩线与初始排土线的位置始终保持平行，如图2-3所示，其排土步距保持不变。这种发展方式在内排土场中得到了广泛应用，特别是当内排土场位于露天采场的一侧时，通过环线或尽头线的运输方式，可以确保排土线维持有效的长度。然而，如果尝试将这种平行发展方式应用于外排土场，那么每次移动排土线时都需要缩短其长度，这通常无法满足频繁排土作业的需求。因此，在外排土场的应用中，平行发展方式存在一定的局限性。

B 排土线扇形发展方式

在排土线的扇形发展模式中，所有的排土作业均在直线翻车过程中完成。这种方法导致了排土宽度的不均匀分布，即从排土线入口到尽头的宽度逐渐增大。每次排土线移动时，都需要移动车挡，并缩短尽头与入口处曲线之间的距离。超前土堤可以预先建造，并

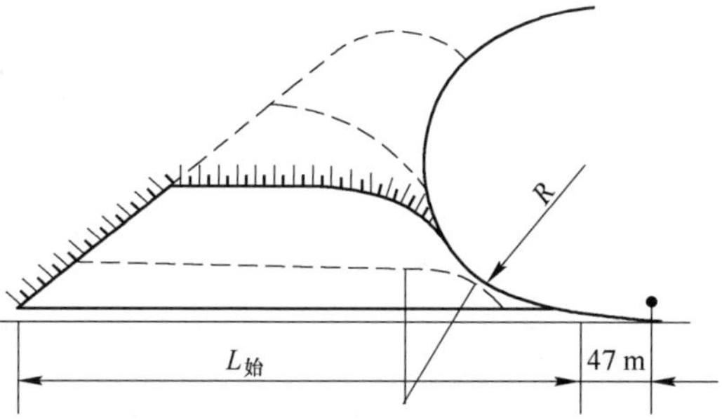

图 2-3 排土线平行发展方式

与原排土线保持垂直，如果采用斜交方式，排土线的长度还可以进一步增加。除了超前土堤方法，枕木垛方法也是另一种选择。随着排土线的发展，直线部分与曲线逐渐接近，最终需要重建排土线。这一过程中，需要沿着排土线坡肩推平既有线路，以铺设新线路与原曲线相连，车挡则需在原地进行移动。尽管重建排土线能够增加排土面积并优化排土效率，但同时也增加了移道工程量。在重建前后，排土线的扇形发展模式会发生变化，如图2-4 所示。

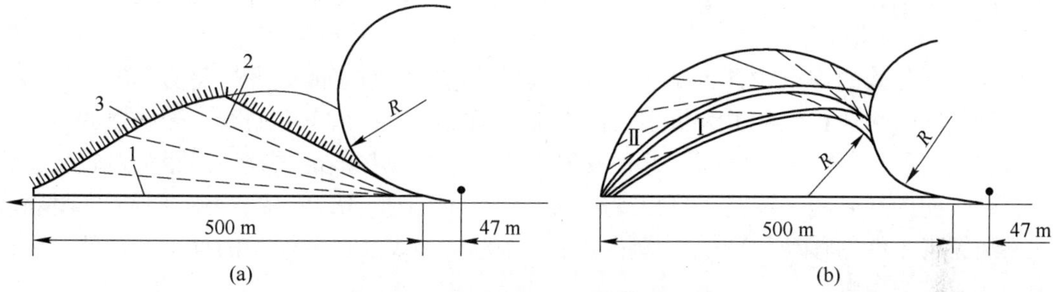

图 2-4 重建前后排土线扇形发展方式
（a）未重建前；（b）重建后

由于扇形发展模式的特性，大部分废弃物在重建之前就被翻入排土场。这些废弃物的特征与平行发展方式相似，但排土场面颊的增大幅度较小，导致排土场的有效利用系数较低，且排土线的直线部分会迅速缩短。因此，这种发展方式在外排土场中的应用较为有限。然而，在内排土场中，由于平行和扇形发展并不会导致排土线缩短，因为尽头线可以延伸到采空区的边缘，从而保持线路长度的稳定。

C 排土线曲线形发展方式

曲线形发展方式是露天采矿排土场广泛采用的方式。该方式的特点是在两个比较固定点上（入口处及尽头处）排土线以圆形发展，每次排土线移道时，两个固定点并不移动，只是线路有若干角度的扩大。

曲线发展方式主要包括椭圆形和圆曲线形两种形式，如图 2-5 所示。在椭圆形发展方式下，排土线全长范围内排入的土、岩量大致相等，且每次移动的距离也相近。而在圆形曲线发展方式中，排土线全长上排土的数量并不均匀，特别是中间部分占据了总排土量的最大比例，使得排土线呈现凸形发展，两端的有效排土量相对较少。

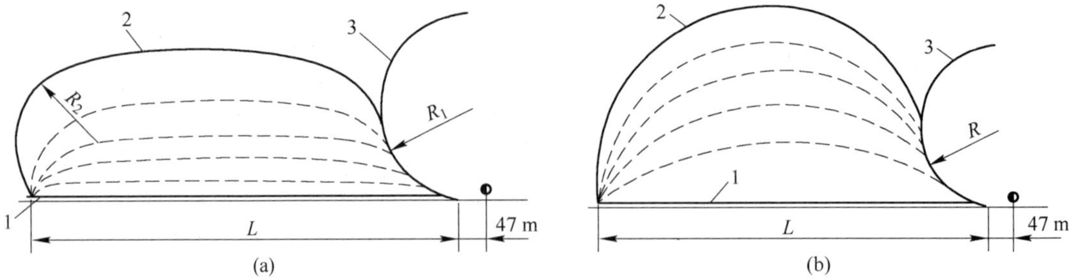

图 2-5 排土线曲线形发展方式
（a）椭圆形；（b）圆曲线形
1—原始排土线；2—排土工作线；3—入口处曲线

椭圆形发展方式允许在排土线的任何部分先行翻土，因此在实际应用中非常普遍。曲线形发展方式的特点在于其能够不断增长排土线的长度，从而确保最大的排土能力，其排土面积的有效利用系数达到了 1。然而，这种方式的缺点在于，随着曲线的发展，每次线路移动时都需要添加短轨，使得移路工作变得相对复杂。

对于多线排土场采用单侧曲线发展方式时，其线路移动主要有两种策略：一种是定期移动半固定干线，另一种则是定期延长排土线入口部分并移动整个排土线。

D 排土线环形发展方式

环形发展方式的排土线具有显著特点：其增长速度相较于曲线发展更为迅速；能够容纳更多列车同时作业；生产更为集中，便于统一调度指挥；列车在站线、干线上的运行方向一致，提高了运行效率。然而，这种发展方式也存在一些不足之处：运距相对较长，可能延长列车的周转时间；线路一旦出现故障，容易导致列车堵塞；铁路建设所需的材料较多；站线、半干线的移动和重设工作量增加，相邻排土线及信号设备的移动和调整也可能对生产造成一定影响。

环形排土线的发展可通过 3 种方法实现：预先构建环形路堤；从两侧同时发展直线形的原始排土线；或从单侧发展直线形的原始排土线。这些方法分别如图 2-6（a）~（c）所示。

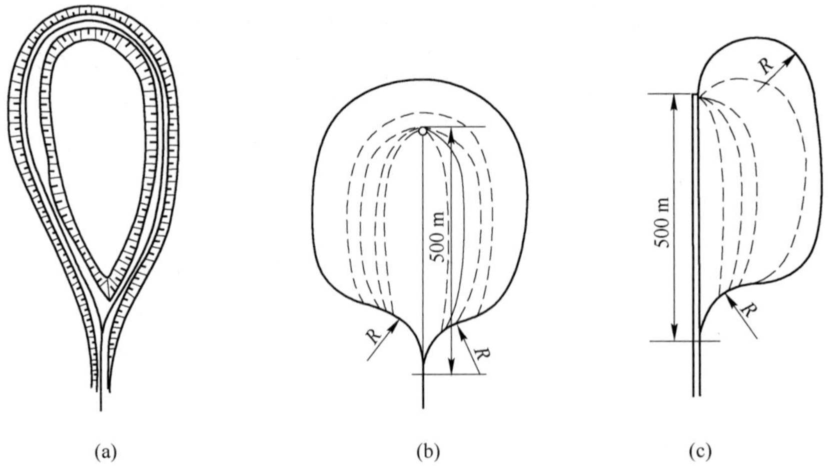

图 2-6 排土线环形发展方式
（a）预先建造圈形路堤；（b）两面发展直线形原始排土线；（c）单面发展直线形原始排土线

环形发展方式使得排土线的整个外围随着排土作业的进行而持续移动和增长，这一特性与圆曲线形发展方式相似。然而，在排土线增长速度方面，环形发展方式更为迅速，因此更适用于平地型排土场。对于多线排土场而言，环形发展的复杂性高于单线排土场。由于在同一排土平盘内车流较为密集，因此必须实行高度集中的指挥调度，以避免车流在排土平盘上滞留，进而减少不必要的翻车次数，确保生产的高效进行。

2.1.3.4 排土场的运行

对于不同类型的排土场，如汽车运输排土场、推土机排土场和列车排土场，其运行规则各有特色。接下来，以汽车运输排土场为例，对其运行规定进行简要阐述。

A 汽车运输排土场

汽车运输排土场及其排弃作业应遵循一系列严格的规定：

（1）在排土作业期间，应设置专人进行指挥，非作业区域的员工严禁进入排土作业区。所有进入该区域的工作人员、车辆和工程机械必须完全遵守指挥人员的指示。

（2）排土场平台应保持平整，排土线需整体平衡地向前推进，坡顶线应设计为直线或弧形，并且排土工作面相对于坡顶线应有一个3%～5%的反坡，以确保安全。

（3）在排土卸载平台的边缘，应设置符合安全标准的车挡，车挡的高度应不小于轮胎直径的2/5，顶部和底部宽度应分别满足轮胎直径的1/3和1.3倍的要求。若采用移动车挡设施，必须严格按照移动车挡的操作规范进行作业。

（4）一旦发现排土安全车挡或反坡不符合规定，或者坡顶线内侧30 m范围内存在大面积裂缝或沉降不均等安全隐患，必须立即禁止汽车进入危险区域，排土场的工作人员应立即采取相应措施进行处理。

（5）在推土过程中，严禁推土机在排土场边缘沿平行于坡顶线的方向进行推土作业。卸土时，汽车应垂直于排土工作线停放，严禁高速倒车或撞击安全车挡。

（6）汽车进入排土场后，必须按照规定的速度行驶。在距离排土工作面50～200 m的区域内，限速为16 km/h；在距离小于50 m的区域内，限速应降至8 km/h。此外，排土作业区内应设置明显的限速标志和其他安全提示牌。

（7）排土作业应按照规定的顺序进行，同一地段内不得同时进行卸车和推土作业，设备之间应保持足够的安全距离，以防止意外事故的发生。

（8）在排土作业区，若因雾、粉尘、照明不足等原因导致驾驶员视距小于30 m，或遇到暴雨、大雪、大风等恶劣天气时，应暂停排土作业，确保作业安全。

（9）排土作业区的照明设施必须保持完好，灯塔与排土挡墙之间的距离应保持在15～25 m的范围内，照明角度需满足作业要求。夜间作业若无充足照明，应禁止进行排土作业。

（10）排土作业区应备有充足且质量合格的应急工具，包括但不限于用于应对汽车突发事故的钢丝绳（至少4根）、大卸扣（至少4个）及灭火器等，以确保在紧急情况下能够迅速采取应对措施。

B 列车运输排土场

列车在卸车线上运行和卸载时，应遵守下列规定：

（1）列车一旦进入排土线，其运行将完全受排土人员的指挥。对于准轨列车，其在机械排土线上的运行速度不得超过10～15 km/h，窄轨列车则不得超过8 km/h。当列车接近线路末端时，其速度应控制在5 km/h以内，以确保安全。

(2) 列车在行驶过程中严禁卸土，只有在特定类型的列车（如曲轨侧卸式和底卸式）中，此规定才不适用。卸车作业应严格按照从车尾至机车方向的顺序进行，必要时，机车需以推送方式进入作业区域。

(3) 在进行翻车操作时，必须由两名操作员协同作业，并确保他们位于车厢内侧，以保证操作的准确性和安全性。

(4) 当列车以推送方式移动时，应有调车员在前方引导，确保列车行驶平稳。对于新铺设的线路，首次列车进入时，严禁采用牵引方式，以防止意外发生。

(5) 自翻车的清扫工作应尽可能采用机械化作业，以提高效率。若需人工清扫，必须采取严格的安全措施，确保操作人员的安全。

(6) 只有当排土人员发出明确的出车信号后，列车方可驶离排土线，这是确保整个排土作业流程有序进行的重要一环。

C 排土机排土场

排土机排土必须遵守下列规定：

(1) 排土机必须在稳固的平盘上进行作业，并确保其外侧履带与台阶坡顶线之间保持足够的安全间隔，以防止意外事故的发生。

(2) 工作区域以及排土机行走的道路，其坡度必须严格符合排土机的技术规范和标准，以确保排土机的稳定和安全运行。

(3) 当排土机需要进行长距离移动时，其受料臂和排料臂应与移动方向保持一致，并且需要将其吊起并固定。配重小车应位于前端并靠近回转中心，待其到达预定位置后，应使用销子进行固定。此外，在上坡过程中严禁进行转弯操作，以确保排土机的稳定性和安全性。

此外，还有排土犁排土、铁路运输排土、单斗挖掘机排土等方式，在实际生产中应根据自身情况，严格按照《金属非金属矿山排土场安全生产规则》（AQ 2005—2005）等相关规程要求进行操作。

2.1.3.5 排土场的管理维护

排土场的管理维护工作在矿山环境管理中占据核心地位，它涵盖了排土场安全管理、排洪防震以及封场等多个关键环节。在排土场的规划与设计阶段，需深入考量地质、水文等多重因素，确保选址合理且结构稳固。施工过程中，应严格遵循设计方案，同时加强防渗、防尘等措施的实施。日常管理中，定期监测排土场的稳定性及其对周边环境的影响至关重要，须及时采取必要措施以保障安全，并持续进行维护保养，确保排土场的长期稳定运行，最大限度地减轻对周边环境的负面影响。

A 排土场安全管理

排土场安全管理不仅涉及规划设计与施工建设，还需注重日常监测与人员培训。企业主要负责人应明确承担排土场安全生产的首要责任，并设立专门机构负责实施相关安全规定，配备专业技术人员进行安全管理。此外，应制定适用于本企业排土场的规章制度，未经技术论证和安全生产监督管理部门的批准，不得随意更改设计参数。企业还需严格按照设计要求和相关技术规范，做好安全检查和监测工作，并设置醒目的安全警示标志。为确保排土场结束后的安全稳定，应排砌大块岩石以防泥石流等灾害的发生。

B 排土场排洪与防震

通过科学设计、定期监测和维护以及人员培训等措施，排土场能够有效应对洪水和地震等自然灾害，保障环境和人员的安全。排土场周围应修筑可靠的截洪和排水设施，并在汛期前采取相关防汛措施。对于处于地震高发地区的排土场，还应制定防震和抗震的应急预案，并在地震后进行巡查和修复，确保排土场及其设施的安全运行。

C 排土场封场

排土场封场时，矿山企业需整理相关资料并编制关闭报告。这些资料包括设计资料、平面图、工程水文地质资料、安全稳定性评价资料以及复垦规划资料等。关闭报告应详细记录排土场的状况、安全稳定性评价以及复垦规划等内容。关闭后的排土场安全管理工作由原企业负责，如需重新启用或改作他用，必须经过严格的可行性设计论证和审查批准。

D 其他方面

排土场的管理维护还应涉及安全检查和安全评价等工作。安全检查的内容应全面覆盖排土参数、变形、裂缝等各个方面，并严格按照相关规定执行。安全评价可根据排土场的高度、地形、地基软弱层厚度和稳定性等因素进行分类，以便更好地掌握排土场的安全状况并采取相应的管理措施。

2.2 固体废弃物钝化处理技术

矿山固体废弃物的钝化处理是指通过化学或物理方法将废弃物中的有毒有害物质进行稳定化处理，以减少对环境和人类健康的影响。矿山固体废弃物中含有大量的重金属和有害化学物质，如果处理不当，会对周边环境和生态系统造成严重破坏。因此，对矿山固体废弃物进行钝化处理是十分必要的。

矿山固体废弃物的钝化处理可以广泛应用于各类矿山废弃物中。例如，对于铜矿开采过程中产生的含铜废石，可以采用化学钝化方法将其中的铜离子转化为稳定状态，从而达到消除污染和资源回收的目的。对于金矿开采过程中产生的含氰化物废弃物，可以采用物理钝化方法将其中的氰化物转化为不溶性固体，从而消除毒性危害。对于煤矿开采过程中产生的煤矸石等固体废弃物，可以采用生物钝化方法进行分解和吸收，从而减少对环境的影响。

固体废弃物钝化处理技术可以有效地稳定和消除有害物质，减少对环境和人类健康的风险。同时，这种处理方法还可以改善废弃物的物理和化学性质，提高其综合利用价值。但是，固体废弃物钝化处理技术也存在一些缺点，如处理过程中可能会产生二次污染和环境风险，处理成本较高，需要专业的技术和设备支持等。

固体废弃物钝化处理技术主要包括中和处理、尾矿覆盖、脱硫处理和灭菌处理。

2.2.1 中和处理

矿山固体废弃物的中和处理是指通过添加中和剂，改变固体废弃物中的化学性质，使其变得稳定和不易溶解，减少对环境的污染和危害。

2.2.1.1 中和处理的方法

目前，矿山固体废弃物中和处理主要有化学中和法、生物中和法和热处理法。

A　化学中和法

化学中和法是指通过添加化学品，改变固体废弃物的酸碱性质，使其达到中性或碱性。常用的中和剂包括氢氧化钠、氢氧化钙等，它们与固体废弃物中的酸性物质发生中和反应，使固体废弃物无害化。

B　生物中和法

生物中和法是指利用微生物来降解固体废弃物中的有害物质，并将其转化为无害的物质。通过建立适宜的微生物环境，如调节 pH 值、温度等条件，可以促进微生物的生长和代谢，从而实现固体废弃物的中和处理。

C　热处理法

热处理法是指利用高温将固体废弃物中的有机物质热解为无害的物质。在高温条件下，有机物质会发生燃烧或分解反应，从而转化为水和二氧化碳等无害物质。这种方法适用于一些有机物质含量较高的固体废弃物处理。

2.2.1.2　中和处理的应用案例

矿山固体废弃物中处理中，中和处理是一种常见的处理方式。

铜矿尾矿中和处理：铜矿尾矿中含有大量的硫化物和硫酸盐，这些物质可以通过中和反应转化为稳定的硫酸钙和硫化物。在处理过程中，将铜矿尾矿与石灰石、石膏等碱性物质混合，在一定条件下进行中和反应，生成的硫酸钙和硫化物可以转化为稳定的矿渣，从而实现尾矿的固化。

铅锌矿尾矿中和处理：铅锌矿尾矿中含有的重金属离子如铅、锌等可以通过中和反应转化为氢氧化物沉淀。在处理过程中，将铅锌矿尾矿与碱性物质混合，在一定条件下进行中和反应，生成的氢氧化物沉淀可以降低废水中重金属离子的浓度，从而达到治理重金属污染的目的。

钨矿尾矿中和处理：钨矿尾矿中含有的钨、钼等有价金属可以通过中和反应转化为可溶性的钨酸盐和钼酸盐。在处理过程中，将钨矿尾矿与碱性物质混合，在一定条件下进行中和反应，生成的钨酸盐和钼酸盐可以溶解在碱性溶液中，从而实现有价金属的提取和回收。

不同的矿山固体废弃物具有不同的化学性质和物理性质，中和处理的方式和条件也会有所不同。在实际应用中，需要根据具体的矿山固体废弃物类型和处理要求选择合适的处理方式。同时，还需要加强处理过程中的监测和管理，确保处理效果符合相关标准和要求。

2.2.1.3　中和处理的挑战与展望

矿山固体废弃物中和处理在实际应用过程中面临一些挑战，如中和剂的选择、处理工艺的优化等。未来，随着科技的发展和环保意识的提高，矿山固体废弃物中和处理将逐渐实现更高效、更环保的目标。同时，还需要加强相关立法和监管，确保中和处理的安全和可持续性发展。

2.2.2　尾矿覆盖（回填）

尾矿是矿山开采过程中产生的废弃物，含有各种有害物质和大量未利用的有用矿物。尾矿覆盖（回填）技术是指将尾矿经过处理后再回填到矿区，通过增加覆盖层来填平矿区，并对其进行环境修复和改造，达到资源再利用和环境保护的目的。

2.2.2.1 尾矿覆盖（回填）工艺流程

尾矿覆盖主要包含以下步骤：

（1）确定尾矿回填的区域和深度。尾矿回填的区域应该根据当地的环境条件、土壤性质、地形地貌等因素进行选择，同时也要考虑到未来的利用方式和环境保护的需要。深度方面应该根据尾矿的性质和特点进行选择。

（2）对尾矿进行处理。尾矿应该经过浓缩、脱水、干燥等处理，以减少其水分和容积，降低对环境的危害。

（3）进行填筑。填筑应该按照工程设计要求进行，包括填筑层数、填筑方法、填筑压实度等方面。填筑过程中应该监测填筑物的质量和稳定性，确保其符合设计要求。

（4）进行覆盖。填筑完成后应该进行覆盖，以避免填筑物被水侵蚀和风蚀等危害。覆盖材料可以选择土壤、植物等材料，以提高填筑物的稳定性和生态环境效益。

2.2.2.2 尾矿回填的应用案例

尾矿回填技术在实际工程案例中得到了广泛应用。例如，山东省临沂市兰陵县黄山铁矿在生产过程中，产生了大量尾矿。为了修复土地、保护环境，该矿山采用尾矿回填技术进行治理。具体步骤包括：

（1）确定尾矿回填区域和深度。该矿山选择了一片废弃的矿山区域进行回填，深度为20 m。

（2）对尾矿进行处理。该矿山采用了干燥、筛分等处理方式，将尾矿的水分和容积降低。

（3）进行填筑。填筑采用了分层填筑、压实等技术，保证填筑物的质量和稳定性。

（4）进行覆盖。该矿山采用了植被覆盖的方式，种植了适合当地生态环境的植物，以提高填筑物的稳定性和生态环境效益。

通过尾矿回填技术的治理，该矿山成功修复了废弃矿山区域，同时降低了尾矿对环境的危害，保护了生态环境，提高了土地利用效率，实现了经济效益和环境效益的双赢。

2.2.3 脱硫处理

矿山固体废弃物中常含有大量的硫化物，例如硫化铁、硫化铜等，这些硫化物暴露在大气中时，容易与氧气反应生成二氧化硫等有害气体，造成酸雨和大气污染。为了减少或避免这种环境污染，矿山固体废弃物的脱硫处理成为一项重要的技术工作。

2.2.3.1 脱硫处理方法

A 生物脱硫

生物脱硫是利用微生物的代谢能力将硫化物转化为可溶性硫酸盐的过程。常见的生物脱硫方法包括硫氧化和还原硫化物的过程。其中硫氧化过程主要由嗜硫氧化细菌（如 *Thiobacillus spp.*）完成，而还原硫化物的过程主要由硫还原菌（如 *Desulfobacter spp.*）完成。生物脱硫方法具有环境友好、工艺操作简单等优点，但对操作条件和微生物的生长繁殖有一定的要求。

B 化学脱硫

化学脱硫是利用化学方法将硫化物转化为可溶性的硫酸盐或硫酸根离子。常见的化学脱硫方法包括氧化剂氧化法、还原剂还原法和碱性处理法等。其中氧化剂氧化法利用氧化剂（如过氧化氢、高锰酸钾等）将硫化物氧化为硫酸盐；还原剂还原法是利用还原剂（如二氧化硫、亚硫酸盐等）将硫化物还原为硫酸盐；碱性处理法是利用碱性溶液（如氢氧化钠、氢氧化钙等）与硫化物反应生成可溶性的硫酸盐。化学脱硫方法操作简单、反应速度快，但需要考虑脱硫废水的处理问题。

C 物理脱硫

物理脱硫是通过物理手段将固体废弃物中的硫化物分离出来的方法，常见的物理脱硫方法包括重选法、磁选法和浮选法等。重选法是根据硫化物和其他矿石的密度差异进行分离；磁选法是利用磁性差异将硫化物分离；浮选法是利用气泡将硫化物矿石浮起来进行分离。

2.2.3.2 脱硫处理工艺流程

脱硫处理的工艺流程根据具体情况可以有所差异，但一般包括的步骤有：固体废弃物预处理（包括破碎、磨矿和筛分等）、脱硫剂投加（根据具体情况选择合适的脱硫剂）、反应处理（利用生物、化学或物理方法进行脱硫反应）、固液分离（将固体废弃物中的硫化物与脱硫产物分离）、废水处理（对脱硫废水进行处理，以达到排放标准）等步骤。

2.2.3.3 脱硫处理应用案例

某金属矿山固体废弃物中含有大量的硫化物，为减少对环境的污染，采用生物脱硫方法进行处理。首先，对固体废弃物进行破碎、磨矿和筛分等预处理，得到合适的粒度；然后，将预处理后的固体废弃物与适量的嗜硫氧化细菌一起投入到反应槽中，进行生物脱硫反应；随后，进行固液分离，将脱硫产物与硫化物分离；最后，对脱硫废水进行处理，达到排放标准。通过该脱硫处理工艺，成功地将矿山固体废弃物中的硫化物转化为可溶性硫酸盐，减少了对大气和水环境的污染，实现了环境保护和资源回收的双重目标。

2.2.4 灭菌处理

矿山固体废弃物中常含有大量的微生物，包括细菌、真菌等。这些微生物在固体废弃物中的存在可能导致环境和健康安全问题，因此需要对矿山固体废弃物进行灭菌处理。灭菌处理可以有效地杀灭固体废弃物中的微生物，减少对环境的污染和健康的威胁。

2.2.4.1 灭菌处理方法

A 热处理

热处理是利用高温将固体废弃物中的微生物杀灭的方法。常见的热处理方法包括干热灭菌和湿热灭菌。干热灭菌是将固体废弃物暴露在高温环境中，通过热量将微生物杀灭。湿热灭菌则是将固体废弃物暴露在高温和高湿的环境中，通过热力和湿热效应将微生物杀灭。热处理方法操作简单、效果显著，但对固体废弃物中的有机物和金属物质可能会产生影响。

B 化学处理

化学处理是利用化学药剂将固体废弃物中的微生物杀灭的方法。常见的化学处理方法包括氧化剂处理、酸碱处理和消毒剂处理等。氧化剂处理通过添加氧化剂（如过氧化氢、高锰酸钾等）将微生物氧化杀灭。酸碱处理则是利用酸碱溶液（如硫酸、氢氧化钠等）调节固体废弃物的 pH 值，从而达到杀灭微生物的效果。消毒剂处理则是利用消毒剂（如次氯酸钠、过氧化氢等）将微生物杀灭。化学处理方法操作简便、效果稳定，但需要注意处理过程中的药剂使用和废液处理。

C　生物处理

生物处理是利用微生物的代谢能力将固体废弃物中的微生物降解或转化为无害物质的方法。常见的生物处理方法包括好氧处理和厌氧处理。好氧处理是利用好氧微生物（如腐败菌、霉菌等）将固体废弃物中的微生物降解为无害物质。厌氧处理是利用厌氧微生物（如甲烷菌、硫还原菌等）将固体废弃物中的微生物转化为无害物质。生物处理方法对操作条件和微生物的生长繁殖有一定要求，但具有环境友好和可资源回收的优点。

2.2.4.2　灭菌处理工艺流程

灭菌处理的工艺流程根据具体情况可以有所差异，但一般包括固体废弃物预处理（包括破碎、磨矿和筛分等）、灭菌剂投加（根据具体情况选择合适的灭菌剂）、反应处理（利用热、化学或生物方法进行灭菌反应）、固液分离（将固体废弃物中的微生物与灭菌产物分离）、废液处理（对灭菌废液进行处理，以达到排放标准）等步骤。

2.2.4.3　灭菌处理应用案例

某金属矿山固体废弃物中含有大量的微生物，为减少对环境和健康的污染，采用热处理方法进行灭菌处理。首先，对固体废弃物进行破碎、磨矿和筛分等预处理工艺，得到合适的粒度；然后，将预处理后的固体废弃物放入高温炉中，进行干热灭菌处理；随后，进行固液分离，将灭菌产物与微生物分离；最后，对灭菌废液进行处理，达到排放标准。通过该灭菌处理工艺，成功地将固体废弃物中的微生物杀灭，减少了对环境和健康的威胁，实现了环境保护和健康安全的双重目标。

习　题

2-1　什么是矿山固体废弃物堆存？列举几种常见的堆存方式。

2-2　简述矿山固体废弃物堆存过程中可能产生的环境问题。

2-3　什么是钝化处理？列举几种常见的钝化处理方法。

2-4　简述钝化处理在矿山固体废弃物管理中的应用。

2-5　设计一个针对矿山固体废弃物堆存和钝化处理的实验方案，并解释实验原理。

2-6　针对矿山固体废弃物堆存和钝化处理，谈谈你的看法及建议。

2-7　查找一篇关于矿山固体废弃物堆存和钝化处理的最新研究论文，总结其主要内容和创新点。

2-8　设计一个能够实时监测矿山固体废弃物堆存状态的系统，并说明其工作原理。

2-9　针对矿山固体废弃物堆存的环保问题，提出一些改进措施或建议。

2-10　针对钝化处理技术在矿山固体废弃物管理中的应用，提出一些优化或改进的建议。

3 矿山固体废弃物中有价元素的回收

矿山固体废弃物中存在大量的铁、铜等有价金属元素和硫等非金属元素，对固体废弃物中的有价元素进行回收，具有显著的社会效益和经济效益。

3.1 矿山固体废弃物中有价元素回收方法

3.1.1 重选及重选设备

重力选矿，也称为重选，是利用矿粒在运动介质中受到重力、流体动力和其他机械力的不同作用，按密度对矿粒群进行分选的过程。当不同密度的矿粒在流动介质中运动时，它们的运动状态因其性质差异和介质流动方式的不同而有所不同，从而实现分离，粒度和形状会影响按密度分选的精确性。重选是目前最常用的选矿方法之一，广泛应用于处理密度差异较大的物料。重选过程的特点为：(1) 矿粒之间必须存在密度的不同；(2) 分选过程有运动介质的存在；(3) 在重力、流体动力和其他机械力的作用下，矿粒群之间松散并根据密度不同分层；(4) 分层好的矿物颗粒在运动介质的作用下实现分离，得到不同的最终产品。

重选设备是实现重选必不可少的装置，它可以实现矿石中有用矿物和脉石矿物的分离，常见的重选设备有隔膜跳汰机、螺旋选矿机、离心选矿机、摇床等。

3.1.1.1 隔膜跳汰机

选矿厂所用跳汰机种类繁多，但在重选厂实际应用最广泛的是隔膜跳汰机。上（旁）动型隔膜跳汰机是一种常见的重选设备，广泛应用于分选钨矿、锡矿、金矿等，可作为粗、中、细矿石的粗选、精选设备，也适用于一些废弃物及污泥处理。

A　上（旁）动型隔膜跳汰机的构造及工作原理

上（旁）动型隔膜跳汰机的基本结构如图 3-1 所示。

各结构的作用如下。

机架：支撑整个设备的框架结构。

跳汰室：设有隔膜的腔室，用于进行矿物分离，一般具有两个跳汰室。

隔膜室：位于跳汰室内部，通过隔膜将液体腔室与固体腔室分隔开。

排网室：位于隔膜室下部，用于支撑隔膜并起到过滤作用。

橡胶隔膜：位于隔膜室顶部，橡胶隔膜在压缩空气或液压力下，实现上下运动，推动固体颗粒运动分层。

传动偏心机构：通过偏心连杆机构，将动力传递给橡胶隔膜，使其产生上下往复运动。

上（旁）动型隔膜跳汰机利用橡胶隔膜的上下运动，实现不同矿物的分离。当隔膜

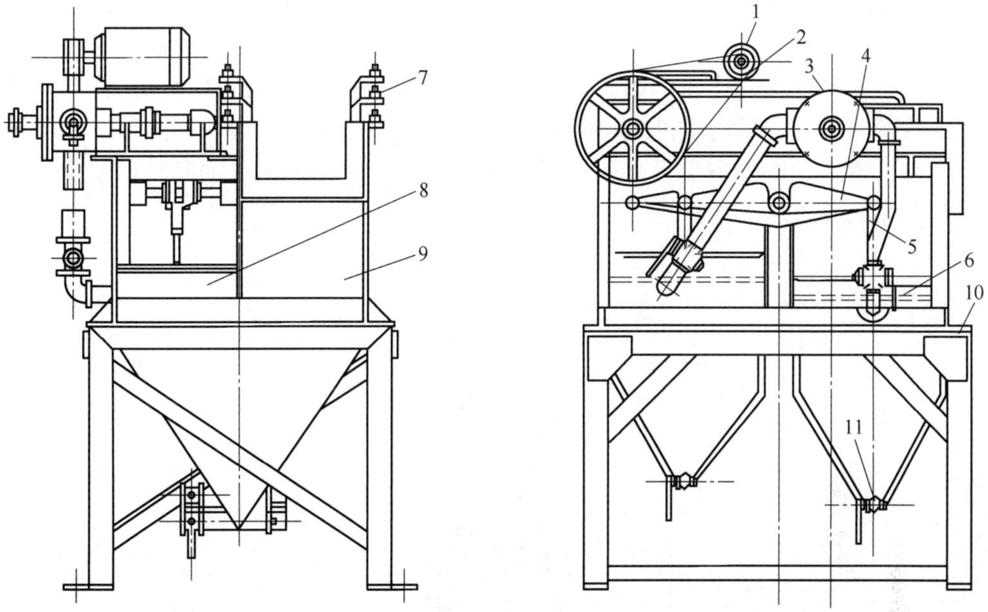

图 3-1 上（旁）动型隔膜跳汰机

1—传动部分；2—电动机；3—分水阀；4—插臂；5—连杆；6—橡胶隔膜；7—机架；8—排网室；9—跳汰室；10—隔膜室；11—排矿阀门

被传动系统带动做往复运动时，水箱中的水便透过筛网产生上下交变的水流。当水流向上冲击时，粒群呈松散悬浮状态，此时轻、重、大、小不同的矿粒因各具有不同的沉降速度，将互相移动位置，较重的粗颗粒沉降于下层。而当水流下降时，产生吸入作用，出现“析离”现象，即密度大、粒度小的矿粒穿过密度大但粒度大的矿粒间隙进入下层。由于隔膜上下鼓动作用的多次循环，粒群体系按密度大小进行分层。分层结果是床石由于密度大而位于最下层，其上为大密度的细颗粒，再上为大密度的粗颗粒，它的上面又为小密度的中等颗粒，最上面则为小密度的粗颗粒，小密度的细颗粒阻留于粗颗粒与中等颗粒之间，不能进入下层。位于下层的大密度的粗细矿粒穿过床石层从筛孔漏下来，经水箱收集并由精矿口排出；位于上层的轻颗粒，在横向水流和连续给矿的推动下，移动至跳汰机尾部排出，从而实现矿物分离的目的。

B 上（旁）动型隔膜跳汰机的优缺点

上（旁）动型隔膜跳汰机的优点：操作简便，适应性强，冲程的调节范围较宽，床层稳定，适用较宽的给矿粒度，能够一次获取合格的精矿且单位面积机器生产率大。

上（旁）动型隔膜跳汰机的缺点：生产能力不够大、机器的规模小且占地面积较大，浪费一定资源。

3.1.1.2 螺旋选矿机

螺旋选矿机是一种常见的重力分选设备，广泛应用于处理钨、锡等有色及稀有金属矿石，也适用于分选非磁性矿石及弱磁性矿石、磷酸盐及含有云母的非金属矿石等。

A 螺旋选矿机的构造及分选原理

螺旋选矿机的主体是一个螺旋形溜槽，由支架垂直安装，如图 3-2 所示。螺旋槽的断面是一个抛物线或椭圆形的一部分。槽底在纵向和横向均呈相当的倾斜度。矿浆从上部进入溜槽后，会在沿槽流动过程中发生分层现象。在分层过程中，重矿物颗粒倾向于向槽的内侧运动，而轻矿物则在快速的回转运动中被甩向槽的外缘。由此在槽的横向产生具有不同密度矿物的分选带。沿着槽的内侧运动的重矿物通过排料管排出，而从最上方的第 1 至第 2 个排料管得到的产物质量最高，以下产物质量逐渐降低。为了提高精矿质量，在槽的内缘通常会注入冲洗水。尾矿则从槽的末端排出。

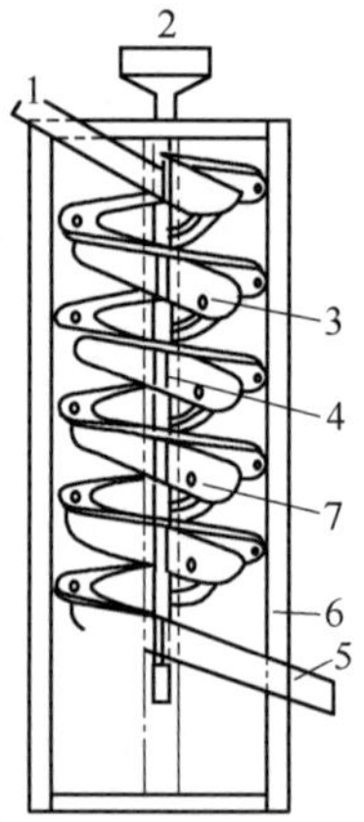

图 3-2　螺旋选矿机

1—给矿槽；2—冲洗水导槽；3—螺旋槽；4—连接用法兰盘；5—尾矿槽；6—机架；7—重矿物排出管

B　螺旋选矿机的优缺点

螺旋选矿机的优点：结构简单，单位处理能力大，操作维修简单。

螺旋选矿机的缺点：机身高大，占据空间过大，给矿及循环的中矿需要砂泵的运输，需要消耗一定能源。

3.1.1.3　离心选矿机

离心选矿机是一种常用的矿石分选设备，主要根据矿石中不同矿物所受重力和离心力差异，将矿石分成不同的部分。离心选矿机通常由一个旋转的圆筒形容器组成，其中装载了待处理的矿石和水。通过旋转圆筒产生的离心力，使不同密度的矿物颗粒在离心力和重力的共同作用下分离。

A　离心选矿机的构造及分选原理

图 3-3 为标准的 ϕ800 mm×600 mm 离心选矿机结构图。离心选矿机的主要部件是转鼓和底盘。转鼓呈锥形，直径为 800 mm，由给矿端向排矿端逐渐增大，具有一定的斜度。转鼓的斜长为 600 mm，通过锥形底盘将转鼓固定在中心轴上。转鼓由电动机驱动旋转。设备上设有上给矿嘴和下给矿嘴，它们伸入转鼓内部。矿浆由上给矿嘴和下给矿嘴喷出，并顺着切线方向附着在转鼓壁上。随着转鼓的旋转，矿浆沿着鼓壁流动，并形成斜面流动的螺旋形运动轨迹。

当矿浆从给矿嘴喷出到转鼓时，由于喷出速度远小于转鼓的线速度，所以矿浆会由于惯性力而滞后于鼓壁的运动，产生切向滞后速度。随着流动时间的增长，黏滞力逐渐克服了惯性力，导致矿浆与鼓壁间的速度差逐渐减小。离心选矿机中，矿浆的综合速度和方向

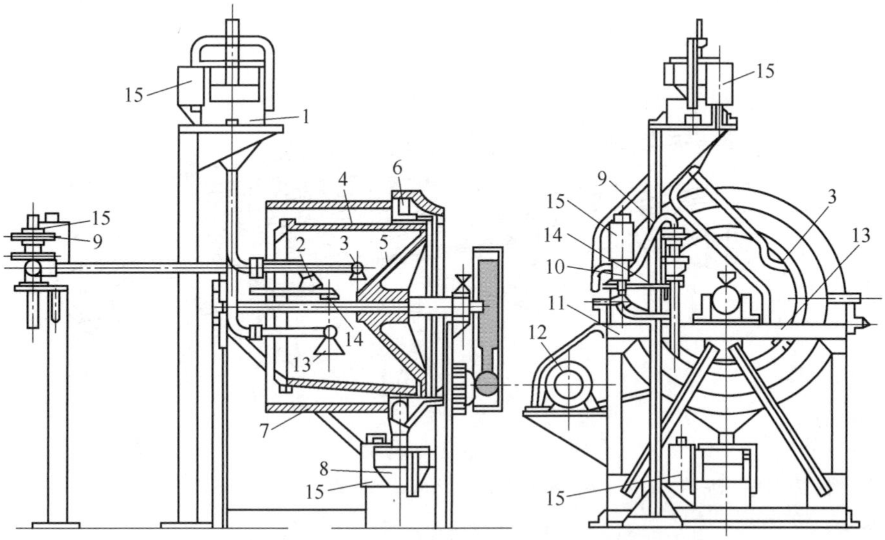

图 3-3 ϕ800 mm×600 mm 离心选矿机结构图

1—给矿斗；2—冲矿嘴；3—上给矿嘴；4—转鼓；5—底盘；
6—接矿槽；7—防护罩；8—分矿器；9—皮膜阀；10—三通阀；11—机架；
12—电动机；13—下给矿嘴；14—洗涤水嘴；15—电磁铁

是切向速度和轴向速度的向量和，并且相对于地面来说，矿浆质点的运动轨迹呈现出一条空间螺旋线。由于流膜沿轴向上下层的运动速度不同，所以上层和下层的螺旋线螺距也不相同。上层液流的螺距大于下层液流的螺距。因此，在分层后，上层的轻矿物能够迅速被带到转鼓外部，而底层的重矿物则在转鼓内滞留。这个过程中，上层液流的速度更快，轻矿物会相对较快地移动出离心选矿机，而重矿物则随着转鼓的旋转逐渐沉积在转鼓内部。

B 离心选矿机的优缺点

离心选矿机的优点：具有结构简单、对给矿粒度适应性强、单位面积处理量大、占地面积小、回收粒度下限低等优点。

离心选矿机的缺点：分选效果受矿石的种类和粒度影响较大，选矿效果受矿浆性质影响，能耗大，对于操作要求及维护成本较高。

3.1.1.4 摇床

摇床是一种常见的矿石重选设备，广泛应用于金、银、锡、铅、锑、铁等金属矿石和煤炭等非金属矿的选矿过程。在实际应用中需要根据矿石性质和选矿要求进行设备的选择。

A 摇床的构造及分选原理

摇床由床面、机架和传动机构三个主要部分组成，如图 3-4 所示。床面形状通常呈梯形，横向微倾斜，倾角一般为 0.6°~6°，纵向从给料端到精矿端略微向上倾斜，倾角为 1°~2°。床面可以使用木材或铝制，表面可以涂漆或覆盖橡胶。给料槽和给水槽一般位于床面倾斜较高的一侧。床面上布置有若干排床条，也称为格条或来复条，其高度由传动端向对侧逐渐降低，呈一条或两条斜线状。床面由机架支撑或吊挂，并配备调坡装置，可调整床面的横向倾角。传动装置安装在床面靠近给料槽一端，通过差动摇动使床面做往复运动。在床面前进运动时，速度由慢逐渐加快，以正加速度前进；床面后退运动时，速度则由快逐渐减慢，以负加速度后退。

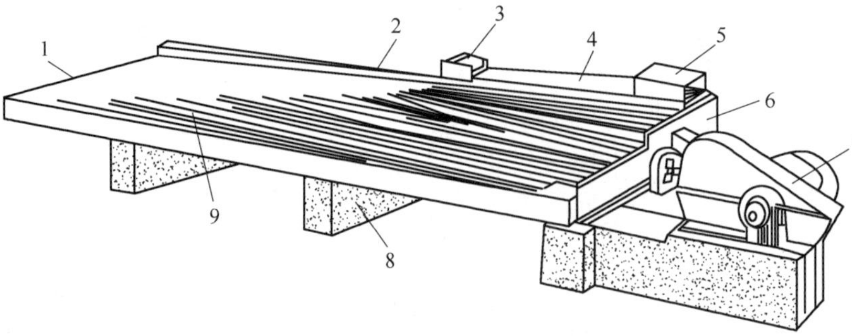

图 3-4 摇床结构示意图

1—精矿端；2—冲水槽；3—冲水；4—给矿槽；5—给矿；6—给矿端；7—传动装置；8—机座；9—床面

摇床的床面上进行物料分选时，有三个主要因素会综合作用，包括床条的型式、床面的不对称运动和床面上的横冲水。

床条的型式：床条在床面上激烈摇动时，会增强斜面水流的扰动作用。这会加强旋涡和由此产生的水流的垂直分速度，从而使物料悬浮并按照密度和粒度进行分层。

床面的不对称运动：摇床床面的不对称运动是指摇动过程中的前进和后退运动速度不同。这种不对称运动会产生按照粒度和密度的析离作用，使不同粒度和密度的物料在床面上产生相对的移动和分离。

床面上的横冲水：摇床床面通常会通过横向冲洗水的方式来清洗和推动物料。这种横冲水的作用有助于将较轻的杂质和松散的颗粒带走，进一步促使物料按照密度和粒度进行分层。

综上所述，物料在摇床床面上会受到水流的悬浮、扰动和垂直分速度的影响，同时由于床面的不对称运动和横冲水的作用，物料还会发生按密度和粒度的分离和析离。这些因素综合起来，实现了摇床对物料的有效分选。

B 摇床的优缺点

摇床具有结构简单、操作方便、处理能力大、分选效果好等优点，但也存在选矿效率低、维护成本较高、处理矿石粒度范围有限等缺点。

3.1.2 磁选及磁选设备

磁选是一种利用矿物间磁性差异来实现不同矿物分离的选矿方法。磁选法具有简单、方便且不会产生额外污染的特点。

适于磁选的尾矿类型：

(1) 铁矿尾矿：铁矿尾矿中通常含有未能完全提取的磁性颗粒。通过磁选处理，可以降低铁矿尾矿的品位，回收更多的铁矿物。

(2) 钴矿尾矿：某些钴矿尾矿中可能含有较高浓度的磁性矿物，如钴铁矿。通过磁选，可以有效回收和分离这些磁性矿物。

（3）钨矿尾矿：钨矿尾矿中含有残留的部分磁性钨矿石，磁选可以将这些磁性矿物分离出来，降低钨矿尾矿中的钨含量。

（4）磁选设备是用于进行磁性矿物分离和提取的设备，它根据矿石中不同矿物的磁性差异，利用磁场作用将它们分离开来。常见的磁选设备有CTS永磁筒式磁选机、琼斯型湿式强磁选机、高梯度磁选机、超导磁选机、磁选柱等。

3.1.2.1 CTS永磁筒式磁选机

CTS永磁筒式磁选机是一种常用的磁选设备，它采用了永磁系统来实现磁性矿物的分离。常用于处理5 mm以下磁性矿粒的粗选，运转可靠性高。

A CTS永磁筒式磁选机的构造及工作原理

CTS永磁筒式磁选机采用顺流型的槽体结构，如图3-5所示，其给矿方向与圆筒旋转方向或磁性产品移动方向相同。矿浆从给矿箱直接进入圆筒的磁系下方，而非磁性矿粒和磁性较弱的矿粒则通过圆筒下方两板之间的间隙排出。磁性矿粒被吸附在圆筒表面，并随圆筒一起旋转，最终在磁系边缘的低磁场区排出。磁选机的给矿方向与圆筒旋转方向或磁性产品移动方向保持一致，使得矿浆能够顺利进入磁系，并实现对磁性和非磁性矿物的分离。非磁性矿粒和磁性较弱的矿粒通过圆筒下方的间隙排出，而磁性矿粒则被吸附在圆筒表面，并随着圆筒的旋转移动。最终，磁性矿粒在磁系边缘的低磁场区被释放出来。

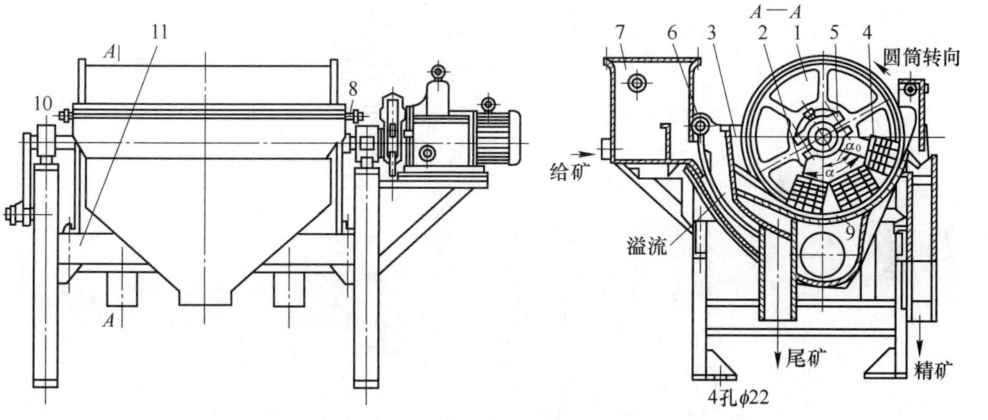

图3-5 CTS永磁筒式磁选机

1—圆筒；2—磁系；3—槽体；4—磁导板；5—支架；6—喷水管；7—给矿箱；8—卸矿水管；9—底板；10—磁偏角调整装置；11—支架

B CTS永磁筒式磁选机的优缺点

CTS永磁筒式磁选机具有结构简单、操作方便、运行稳定等优点，广泛应用于铁矿石、锰矿、钨矿、钛铁矿等磁性矿石的选矿过程中，并在废弃物处理、资源回收等方面得到应用。它也存在处理能力较低、能耗高、需要定期维护等缺点。

3.1.2.2 琼斯型湿式强磁选机

琼斯型湿式强磁选机是一种常用的湿式磁选设备，用于对细颗粒磁性矿物的高强度磁选。它采用高强度的磁场和湿式操作方式，可实现细粒级磁性矿物的高效分离。琼斯型湿式强磁选机主要由进料系统、磁系系统、旋转装置和出料系统等组成。

A 琼斯型湿式强磁选机的构造及工作原理

琼斯型湿式强磁选机由多个部件组成，包括磁导体、励磁线圈、转环、给矿和给水装置、精矿清洗和冲洗机构、排矿机构和传动机构等，如图 3-6 所示。磁选机的主要组成部件是一个钢制门形框架，框架上安装有两个 C 形电磁铁和两个带有分选箱的转环，形成一个闭合的磁系。闭合的磁系有助于减少空气磁阻，提高磁选效果。分选箱被划分为多个分选室，每个分选室内部装有由不锈钢导磁材料制成的齿形聚磁极板。这些聚磁极板可以提供较高的磁场强度和磁场梯度，从而显著提高磁选机的处理能力。磁选机的分选间隙能够产生的最大磁场强度为 640~1600 kA/m。磁线圈通常采用风冷或油冷来进行冷却，以确保励磁线圈的稳定性和运行效果。

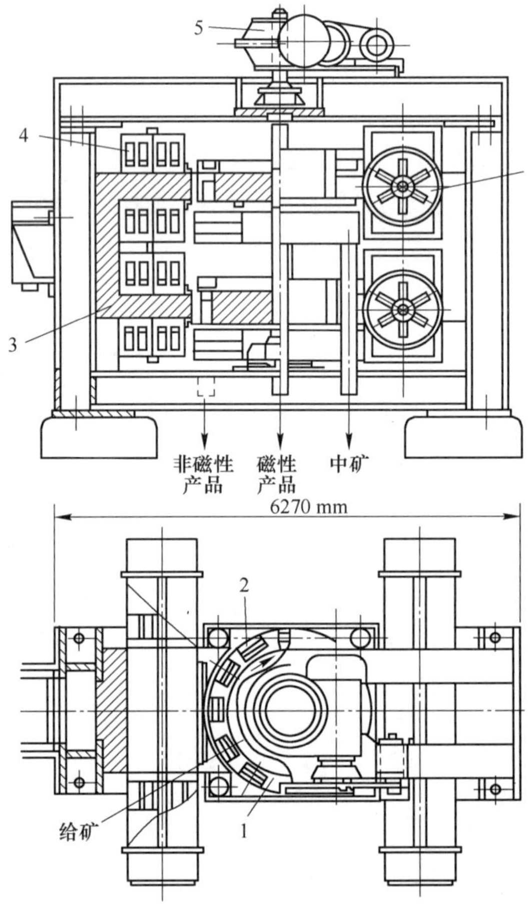

图 3-6 琼斯型 DP-317 双转盘式强磁选机

1—转环（盘）；2—磁板盒；3—磁轭；4—线圈；5—电动机；6—通风机

设备工作时，电动机通过传动机构使转盘在磁轭之间缓慢旋转。矿浆从给矿口输送进分选箱，非磁性颗粒随着矿浆流通过齿板间隙，流入下部的产品接矿槽，成为尾矿。磁性颗粒在磁力的作用下被吸附在齿板上，并随着分选室一起旋转。当旋转到离给矿 60°的位置时，利用压力在 20~50 Pa 范围内的水进行清洗，将磁性矿物中夹杂的非磁性矿物冲洗下去，形成中矿。当旋转到离给矿 120°的位置时，则利用压力在 40~50 Pa 范围内的水将吸附在齿板上的磁性矿物冲刷下来，得到精矿。

B 琼斯型湿式强磁选机的优缺点

琼斯型湿式强磁选机具有磁极间距可调、处理能力大、分离效率高、适用于细粒矿石等优点。但也存在一些缺点，包括适用粒度受限、能耗高、设备结构复杂等。

3.1.2.3 高梯度磁选机

与传统磁选设备不同，高梯度磁选机利用了强磁场和磁梯度的特性，能够对细小颗粒进行高效分离。高梯度磁选机主要由磁滤罐、磁滤棒（或磁滤片）、溶液循环系统和控制系统组成。

A 高梯度磁选机的工作原理

高梯度磁选机工作原理可概括如下。

生成强磁场：高梯度磁选机使用外部电磁线圈或永磁材料产生强大的磁场。磁场的强度可以根据具体需要进行调节，通常在几千到数万高斯之间。

产生磁梯度：在磁滤罐（或磁滤室）内部设置了一系列的磁滤棒或磁滤片，这些磁滤棒或磁滤片通常由高磁导率和高磁饱和材料制成。通过特殊的设计和排列方式，磁滤区域形成了磁场梯度。

分离过程：待处理的矿浆通过磁滤罐进入磁滤区域。在高梯度磁场的作用下，磁性颗粒受到磁力的吸引，更密集地沉积在磁滤棒或磁滤片上，而非磁性颗粒则受到较小的磁力影响，仍留在矿浆中。

释放磁性颗粒：当磁滤棒或磁滤片的磁滞饱和度达到一定程度时，需要释放磁性颗粒以保持设备的连续操作。这一步骤通常称为洗脱过程。通过减小磁场强度或应用反向磁场，可以减小磁滞饱和度，使磁性颗粒从磁滤棒或磁滤片上脱落下来。

循环系统：高梯度磁选机通常配备溶液循环系统。该系统将含有磁性和非磁性颗粒的溶液或矿浆引导到磁滤区域，并将分离好的产品和废渣从磁滤罐中排出。

B 高梯度磁选机的优缺点

高梯度磁选机具有分离效率高、可调性强、对非磁性颗粒影响小、灵活性高等优点。高梯度磁选机同样存在一些缺点，如能耗较高、对特定磁性颗粒要求高、设备复杂性高。

3.1.3 浮选及浮选设备

浮游选矿（浮选）是一种广泛应用且效果良好的细粒和微细粒矿物分选方法。浮选利用矿物表面物理化学性质的差异，使有用矿物和脉石矿物分离。

浮选过程的基本步骤包括破碎、磨矿、搅拌、浮选分离、浓缩和脱水。先采用破碎设备对矿石进行破碎，然后通过磨矿设备将矿石颗粒进一步细磨以实现单体解离。经过破碎和磨矿处理的矿石与水混合并加入浮选药剂，要对矿浆进行搅拌以确保矿石颗粒与浮选剂充分接触和混合，使得浮选剂能够与矿石颗粒发生物理和化学反应。将混合物引入浮选槽并在浮选槽内产生气泡，有用矿物与气泡一起上浮，而脉石和其他杂质则下沉。

3.1.3.1 浮选机

浮选机是一种常用的矿石浮选分离设备，通常由槽体、搅拌装置、进料装置、气泡发生器等组成，可分为机械搅拌式浮选机、充气式机械搅拌浮选机、浮选柱等。

A 机械搅拌式浮选机

XJK 型浮选机是机械搅拌式浮选机的典型代表。它属于一种带辐射叶轮的空气自吸式机械搅拌浮选机。

a XJK 型浮选机的构造及工作原理

如图 3-7 所示，该浮选机每两槽构成一个机组。第一槽是抽吸槽或吸入槽，带有进浆管用于抽吸矿浆。第二槽是自流槽或直流槽，在第一槽与第二槽之间设有中间室，下面是连通的，矿浆由第一槽进入第二槽。

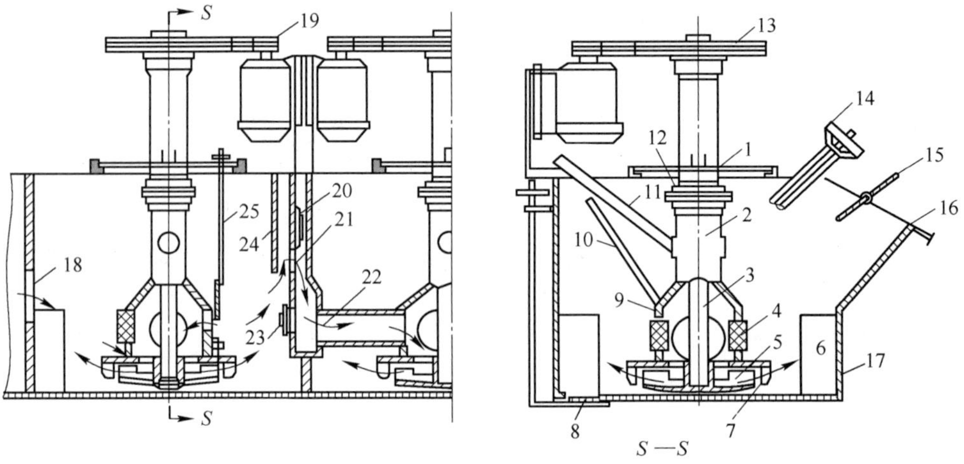

图 3-7 XJK 浮选机结构示意图

1—座板；2—空气筒；3—主轴；4—矿浆循环孔塞；5—叶轮；6—稳流板；7—盖板（导向叶片）；8—事故放矿闸；9—连接管；10—砂孔闸门调节杆；11—吸气管；12—轴承套；13—主轴皮带轮；14—尾矿闸门丝杆及手轮；15—刮板；16—泡沫溢流唇；17—槽体；18—直流槽进浆口；19—电动机皮带轮；20—尾矿溢流闸门；21—尾矿溢流堰；22—给矿管；23—砂孔闸门；24—中间室隔板；25—内部矿浆循环闸门调节杆

b XJK 型浮选机的优缺点

XJK 型浮选机操作方便、便于调节和检修。然而，也存在一些缺点，如空气弥散不佳，充气量调节困难，设备复杂、能耗高等。

B 充气式机械搅拌浮选机

充气式机械搅拌浮选机是机械搅拌和从外部压入空气并用的一种浮选机。特点是叶轮用作搅拌矿浆和分散气泡，所需空气由外部鼓风机来提供。

a 充气式机械搅拌浮选机的构造及工作原理

CHF-X14 m^3充气式搅拌浮选机结构如图 3-8 所示。设备主要由槽体、叶轮、盖板、钟形物、循环筒、主轴、中心筒及总气筒等组成。

设备通过浮选槽内矿浆的垂直循环，可以产生上升流，消除矿浆内的分层和沉砂现象，从而增加粗粒、重矿物的选别可能性，并增加矿粒与气泡碰撞的机会。同时，当叶轮旋转时，叶轮腔中的矿浆与空气混合，随后被甩出，导致叶轮叶片背面形成负压区。循环矿浆经过循环筒与钟形物之间的环形孔进入负压区域，而低压空气通过中心筒和钟形物进入被循环矿浆封闭的叶轮腔内，促进了空气与矿浆的充分混合。混合物在叶轮旋转时受到

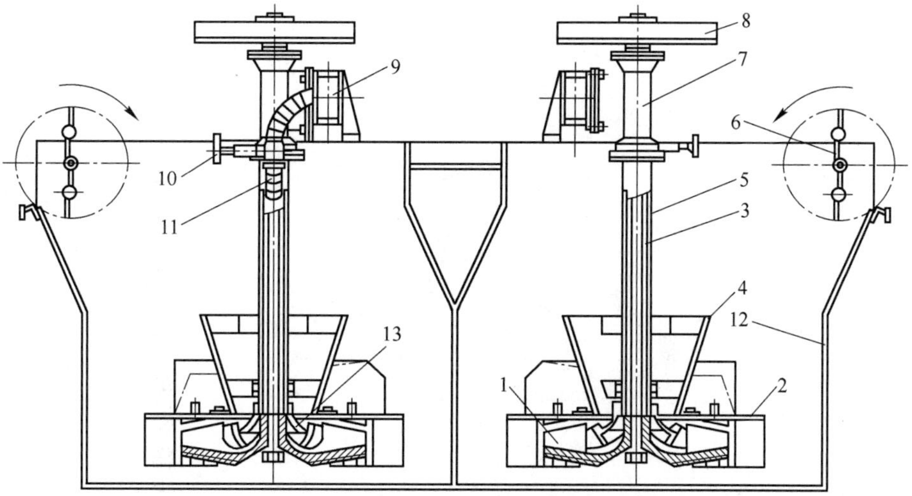

图 3-8　CHF-X14 m^3充气式搅拌浮选机

1—叶轮；2—盖板；3—主轴；4—循环筒；5—中心筒；6—刮泡装置；7—轴承座；
8—皮带轮；9—总气筒；10—调节阀；11—充气管；12—槽体；13—钟形物

离心力作用，撞击到盖板叶片上，进一步细分成空气泡并分散于矿浆中。在垂直循环的上升流作用下，泡沫从槽底向上扩散，在槽子上部的平静区域与脉石矿物分离，从而使有用矿物被选出成为泡沫产品。

b　CHF-X14 m^3充气式机械搅拌浮选机的优缺点

CHF-X14 m^3型浮选机矿浆处理能力高、浮选速度快、占地面积小、单位体积质量轻、易于安装和调整、能耗低。然而，该设备也存在一些局限性。其中一个主要局限性是需要配备离心式鼓风机及泡沫泵等辅助设备来处理中矿返回的问题。如果中矿返回不使用砂泵，则可以将每个作业的第一浮选槽改造成吸入槽，但这会导致功率消耗的增加并且充气量会下降。

C　浮选柱

浮选柱是一种立式的圆柱形结构的浮选设备，适用于处理嵌布粒度细的矿石。

a　浮选柱的构造及工作原理

浮选柱构造十分简单，如图 3-9 所示。上部为一圆柱筒体，也有方形，底部为圆锥形。锥体与柱体衔接处安设一层充气器。

矿浆由上部给矿槽给入，均匀地流入浮选柱内。压缩空气经柱体下端的充气器充入柱内。形成的大量细小气泡均匀地分布在整个断面上，矿浆在重力作用下缓缓下降，气泡由下往上缓缓升起，与矿浆中所要选取的有用矿物在柱中不断相遇。在对流运动中由于药剂的作用，所要选取的矿物便附着于升起的气泡表面上，在柱体上部形成矿化泡沫层，由刮板刮入或自溢到精矿槽中，其余矿物（一般是脉石或非选矿物）则从柱体下部锥底的尾矿管排出。

b　浮选柱的优缺点

浮选柱的优点：结构简单，占地面积小；无机械运动部件，安全节能；浮选动力学稳定，气泡相对较小，分布更为均匀，气泡-颗粒浮选界面充足，富集比大、回收率高，适

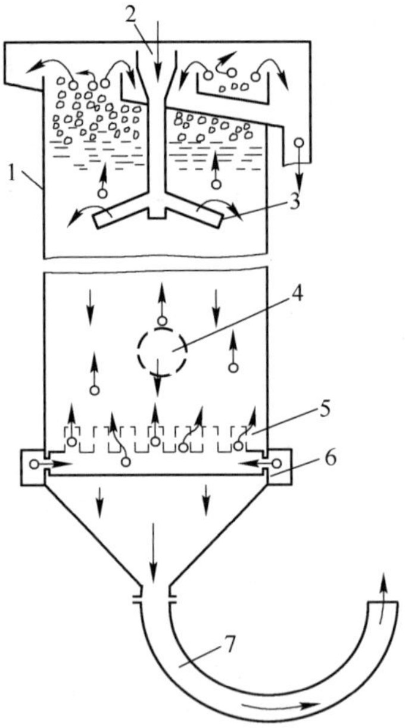

图 3-9　浮选柱结构示意图

1—柱体；2—给矿槽；3—矿浆分配器；4—入孔；5—充气器；6—环形供气管道；7—尾矿管

合于微细粒级矿物的选别并且易于实现自动化控制和大型化；浮选速度快，可简化浮选流程，有效降低浮选作业次数。

浮选柱的缺点：设备高度大，冲洗水增加了设备运行成本；不适合粗颗粒矿物的选别，粗颗粒与气泡接触概率小；解离不充分的矿物难以发挥浮选柱提高精矿品位的优越性，常以损失回收率为代价达到提高精矿品位的目的；对化学性质反应敏感、黏度大的矿浆会导致细粒脉石长时间在柱内停留，从而恶化选别效果；主要应用于精选作业，在粗选作业中使用效果不够理想。

3.1.3.2　浮选药剂

矿物的可浮性取决于其表面的润湿性。在自然界中，大多数矿物的可浮性很差，无法直接浮选实现矿物的有效分离。因此，需要使用浮选药剂来增强浮选分离效果。浮选药剂分类方法很多，最常用的方法是根据药剂的用途分类，通常包括捕收剂、起泡剂、抑制剂、活化剂、pH 调整剂等。

A　捕收剂

捕收剂是一种能够选择性地作用于矿物表面并改善其疏水性的有机物质。捕收剂种类繁多，以下为几种常用的捕收剂。

a　黄药

黄药是一种淡黄色的粉末或颗粒状物质，具有刺激性臭味和毒性，并可燃烧。它能溶于水、丙酮和醇，在水中会释放 $ROCSS^-$，发挥捕收作用。由于其性质不稳定，黄药应储存在干燥、阴凉的地方，避免受到水、酸、碱的影响。此外，应注意防火，避免暴晒，不宜长时间存放。黄药在水中溶解度较大，易发生电离，遇热也容易分解，温度越高，分解越快。黄药本身是还原剂，在空气中或溶液中能氧化成双黄药。

黄药是重金属硫化物和自然金属矿物浮选的捕收剂，对黄铁矿、闪锌矿、黄铜矿等硫化矿物具有良好的捕收性能，可以使硫化矿物与非硫化矿石（如石英、方解石等）分离。需注意的是，矿石本身的特性和工艺操作条件等也会对黄药的分选效果产生一定影响，因此在实际应用中需结合具体情况进行调整和优化。

b 黑药

酸性黑药在水中溶解度较小，只微溶于水，其相对密度约为1.1，同时具有难闻的臭味。相比之下，铵黑药或钠黑药在水中的溶解度较大。黑药还具有起泡性能，即在特定条件下能够产生泡沫。在使用黑药时，需要控制使用量，避免过量使用。过量的黑药可能导致泡沫生成过多，影响浮选效果。黑药比黄药稳定，在酸性矿浆中，不像黄药那样易分解；黑药较难被氧化，但在一定条件下能将其氧化成双黑药。

在浮选作业中黑药分选的矿石种类与黄药基本相同，但黑药与黄药还存在着某些方面的不同：(1) 黑药的捕收力较低，选择性较强，它对黄铁矿的捕收能力较弱，因此，在分选含有黄铁矿的硫化铜矿或硫化铅锌矿时，可以使用黑药作为捕收剂；(2) 黑药具有一定的起泡性，在浮选过程中可以少加甚至不加起泡剂；(3) 黑药的稳定性比黄药好，不易氧化，在酸性介质中较难分解，当要求在酸性环境中浮选时，选择黑药较为适宜；(4) 黑药中的游离甲酚有毒，对皮肤有腐蚀性，对环境会产生一定影响。

c 羧酸类捕收剂

羧酸类捕收剂的典型代表是脂肪酸。脂肪酸可以是饱和脂肪酸或不饱和脂肪酸。脂肪酸是弱电解质，在水中易解离。脂肪酸在浮选中的良好的捕收性源于其独特的分子结构，它们由长的烷基链组成，且带有一个亲水性的羧基末端。脂肪酸在矿浆中能迅速吸附到矿物颗粒表面，使得矿物表面疏水，促使矿物颗粒与气泡结合并浮升至液面。脂肪酸的选择通常会因矿物的性质而异，因此不同矿物可能需要使用不同种类的脂肪酸作为捕收剂。

d 烃基磺酸类捕收剂

烃基磺酸类捕收剂由石油精炼的副产品磺化制备得到，是半透明的淡黄色液体，可用于浮选锡石、天青石、氧化铁、硫化铅和碳酸铅等矿物；对细粒锡石的捕收性能好，浮选速度快、用量低。与具有相同碳原子数的脂肪酸相比，烃基磺酸盐具有更好的水溶性、耐低温性能、出色的起泡性能和抗硬水能力，虽然其捕收能力稍低，但有时表现出很好的选择性。这些特性使得烃基磺酸及其盐在矿物浮选工业中广泛应用。

B 起泡剂

起泡剂是泡沫浮选过程中必不可少的药剂。它能够促使空气在矿浆中有效地分散成细小的气泡，并在气泡上升过程中防止其合并和破灭，提高泡沫的稳定性。常用起泡剂包括松油类及其加工产品、樟脑油和桉树油、醇类、重吡啶及甲酚酸类、醚类、酯类、醚醇类。

起泡剂在泡沫浮选过程中发挥着重要的作用，其主要功能包括以下几个方面：

(1) 促使气泡形成。起泡剂能够改变水的表面性质，降低液体的表面张力，使空气能够在矿浆中有效地分散，并形成稳定的气泡。

(2) 提高气泡稳定性。起泡剂能够吸附在气泡表面形成一层薄膜，起到保护气泡不受外界影响破裂的作用。这样可以防止气泡在上升过程中合并和破灭，提高泡沫的稳定性。

（3）改善矿浆流动性。起泡剂能够降低矿浆的黏度，改善矿浆的流动性，有利于气泡的分散和矿石颗粒的悬浮。这对于保持矿浆的均匀性和泡沫浮选的效果是至关重要的。

C 活化剂

活化剂是能促进捕收剂与矿物作用，从而提高矿物可浮性的药剂。活化剂一般通过以下几种方式使矿物活化：

（1）在矿物表面生成活化膜。

（2）活化离子在矿物表面吸附。

（3）清洗矿物表面的抑制性亲水薄膜。

（4）消除矿浆中有害离子的影响。

常用的活化剂有硫酸铜及有色金属可溶性盐，碱土金属和部分重金属的阳离子，可溶性硫化物，无机酸、碱。

D 抑制剂

抑制剂是能削弱捕收剂与矿物的作用，从而降低矿物可浮性的药剂。它通过以下三种方式抑制矿物：

（1）从溶液中消除活化离子作用。如某些矿物在活化离子的作用下可以实现浮选，若将这些活化离子消除就使矿物被抑制。

（2）消除矿物表面的活化薄膜。

（3）在矿物表面形成亲水的薄膜，提高矿物表面的亲水性，削弱对捕收剂的吸附活性。

常用的抑制剂有硫化钠及其他可溶性硫化物、氰化物、硫酸锌、二氧化硫、亚硫酸及其盐类、重铬酸盐、硅酸钠、有机抑制剂等。

E pH 调整剂

pH 调整剂的作用为：

（1）改变溶液的 pH 值，使矿物表面的电荷状态发生变化，从而影响矿物颗粒之间的相互作用。

（2）某些 pH 调整剂能与溶液中存在的金属离子反应，形成难溶化合物，如多价金属氢氧化物或碳酸盐。这些难溶化合物会形成晶核，进而影响浮选过程中的晶体生长和胶体分散行为。

（3）溶液中存在 OH^-时，它们与捕收剂中的阴离子会发生竞争反应。

（4）pH 调整剂可以清洗矿粒表面上妨碍捕收剂附着的薄膜或黏附的矿泥，有利于矿物的浮选。

常见的 pH 调整剂有：

（1）石灰。石灰有效组成为 CaO，是一种廉价、使用广泛的 pH 调整剂。石灰除能调节矿浆 pH 值外还可作为黄铁矿与磁黄铁矿的抑制剂。石灰是强碱，可使矿浆 pH 值提高到 12 以上。

（2）苏打。苏打即碳酸钠，比石灰弱得多的一种碱性调整剂，调整范围在 8~10。苏打有一定的缓冲作用，调整的 pH 值较稳定。

（3）硫酸。硫酸在降低矿浆 pH 值时常使用，它还可以活化硫化铁矿物的浮选。

（4）氢氧化钠。氢氧化钠是强碱，因价格贵而较少使用，只有在不能用石灰但又必须在强碱矿浆中浮选时才使用。

3.2 矿山固体废弃物中有价元素回收实例

3.2.1 有色金属尾矿再选

有色金属尾矿是有色金属经过选别后产生的物质，多含铜、铅、锌、铬等重金属，对其进行再选，具有重要的经济效益和社会效益。

3.2.1.1 铅锌尾矿再选

铅和锌是关系国计民生的重要金属，可用于许多工业和农业生产领域。随着全球经济一体化进程的加快，这些金属的需求量不断增加。在富矿资源日益减少的今天，铅锌尾矿的综合利用越来越受到重视。铅锌尾矿的再选主要是对铅锌尾矿中的萤石、硫和重晶石进行回收。

A 铅锌尾矿中回收萤石

云南某铅锌矿尾矿具有较高的回收价值，其萤石含量（质量分数）为45.49%，主要粒度为0.08~2.56 mm，解离度为99.23%。主要脉石矿物是石英，同时含有少量的方解石和白云石等碳酸盐矿物。采用“三次粗选、两次扫选、七次精选”的浮选流程处理该尾矿，抑制剂选用新型复合脉石抑制剂FD-1，捕收剂采用低温条件下捕收性能较好的FC-8，获得了萤石精矿品位97.12%、回收率为93.50%的优良指标。

四川某铅锌尾矿中主要有价元素为氟，萤石的含量（质量分数）为38.13%。主要杂质为SiO_2、$CaCO_3$，其含量（质量分数）分别为55.02%、4.91%。采用图3-10所示流程，在调整剂碳酸钠用量2000 g/t、抑制剂硅酸钠用量2000 g/t和RS用量100 g/t、捕收剂油酸钠用量300 g/t条件下，可获得优质萤石精矿，其产率为26.38%，品位为97.10%，回收率为65.56%。

B 铅锌尾矿中回收硫

福建省某铅锌选矿厂的尾矿中含有大量硫铁矿（磁黄铁矿和黄铁矿），脉石主要由石英和硅酸盐类矿物组成。黄铁矿单体解离度为97.3%，磁黄铁矿单体解离度为95%。这些矿石解离充分、粒度较细，具有较高的回收价值。在尾矿粒度较细的情况下，硅酸钠可以很好地分散和抑制主要的硅酸盐类脉石矿物。草酸和$FeSO_4$组合可以增强对石英与绿帘石、辉石、阳起石等硅酸盐类矿物的抑制，丁基黄药和丁铵黑药组合可以增强捕收剂的选择性和捕获目标矿物的能力。采用如图3-11所示流程，最终获得精矿硫品位30.15%、回收率81.51%的良好指标，使尾矿中的硫铁矿资源得到了较好的回收。

凡口铅锌矿1号尾矿库的尾矿主要由硫铁矿组成，其硫含量（质量分数）高达18%，其他主要成分包括石英、碳酸盐矿物和绢云母。尾矿粒度较粗，+0.074 mm粒级含量（质量分数）约占70%。由于硫铁矿的密度为5.0~5.2 t/m^3，而脉石（如石英、碳酸盐矿物和绢云母等）的密度为2.6~2.9 t/m^3，因此有价元素硫与脉石矿物的密度相差较大，这使得重选更适合初步分离和富集。因此，确定凡口铅锌矿1号尾矿库的尾矿使用0.074 mm细筛分级，筛上重矿湿磨，筛下重矿合并浮选回收硫精矿。工艺流程如图3-12所示，该工艺取得了良好的选别效果，硫精矿硫品位为35.7%，回收率为79.5%。

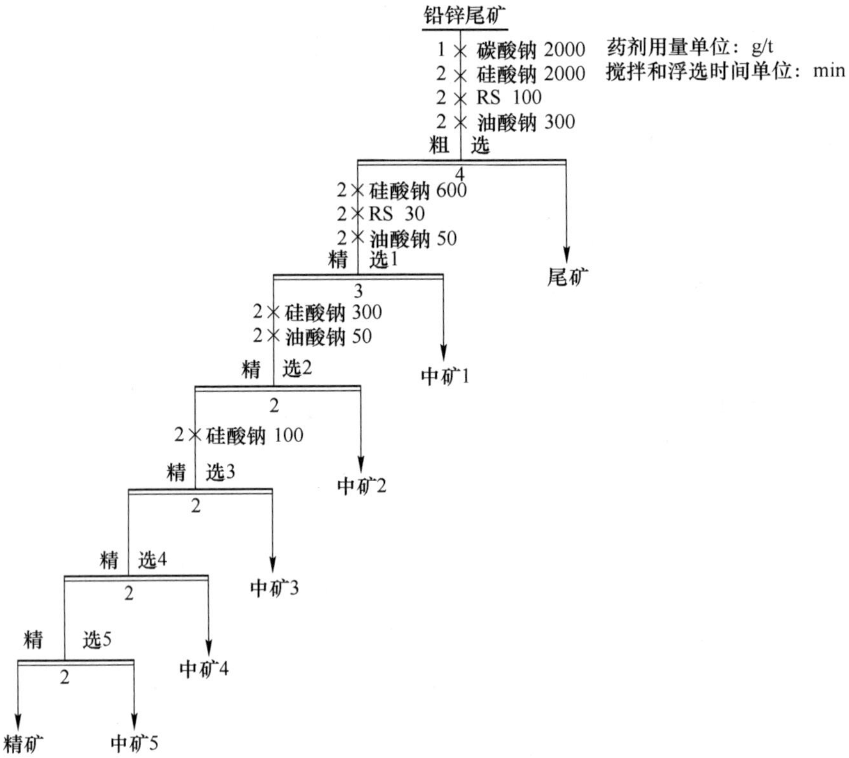

图 3-10　四川某铅锌尾矿回收萤石工艺流程

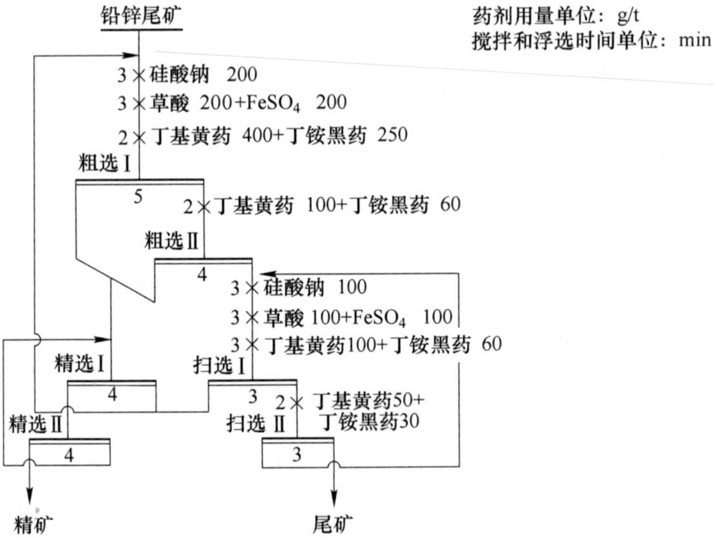

图 3-11　福建某铅锌尾矿回收硫工艺流程

C　铅锌尾矿中回收重晶石

由于体积质量大、硬度小和化学稳定性好，重晶石被广泛应用于石油、化工和建材等领域。在全球范围内，回收重晶石通常采用浮选或重浮联合技术。烷基磺酸盐、脂肪酸烷

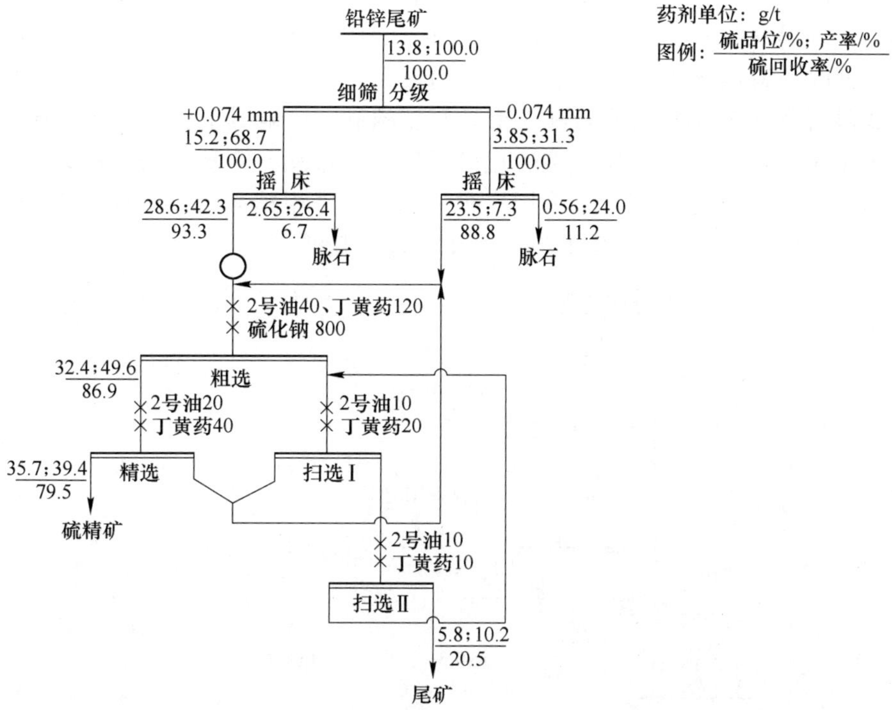

图 3-12 凡口铅锌矿回收硫工艺流程

基硫酸盐和油酸等阴离子捕收剂通常用于重晶石浮选。

广西某铅锌矿尾矿中的有用矿物重晶石含量（质量分数）为 14.52%，白云石是主要脉石矿物。主脉石矿物白云石的密度为 2.85 g/cm^3，而重晶石的密度更高（4.2~4.7 g/cm^3）。此外，白云石晶格中由于类质同象混入了少量 Fe 和 Mn，这使白云石具有一定的磁性。因此，采用如图 3-13 所示磁选—重选联合工艺回收重晶石，可以获得重晶石产率为 8.09%、$BaSO_4$品位为 93.16%、回收率为 51.11%的精矿。

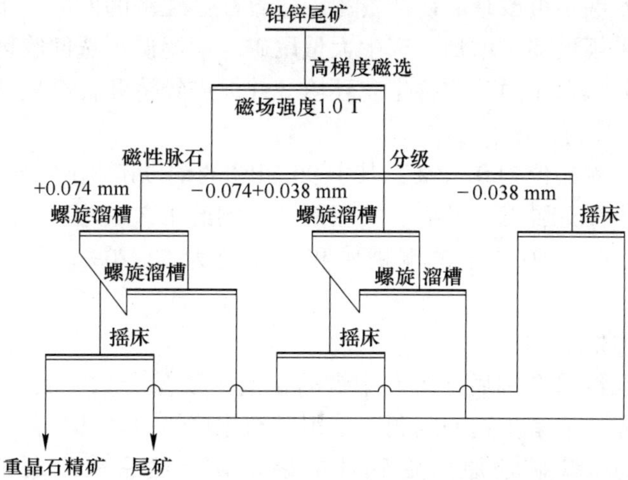

图 3-13 广西某铅锌矿尾矿磁选—重选回收重晶石工艺流程

当尾矿粒度较细，重晶石的细粒级含量较高时，重选对重晶石的选别效果降低。由于尾矿中脉石矿物褐铁矿等磁性矿物含量较低，因此磁选抛尾效果不佳。在这种情况下，浮选是重晶石回收的最佳方法。由于铅锌尾矿细粒级含量较高，并且尾矿中含有部分黄铁矿，浮选重晶石时这部分黄铁矿会进入重晶石粗精矿，影响其品位。根据先硫后氧的原则，采用如图 3-14 所示流程，先浮选硫化矿，后浮选重晶石，重晶石浮选以十二烷基磺酸钠作为捕收剂，TS 作为抑制剂，采用一粗一扫五精、粗精矿再磨的浮选流程，可以获得 $BaSO_4$品位为 91. 27%、回收率为 70. 25%的重晶石精矿。

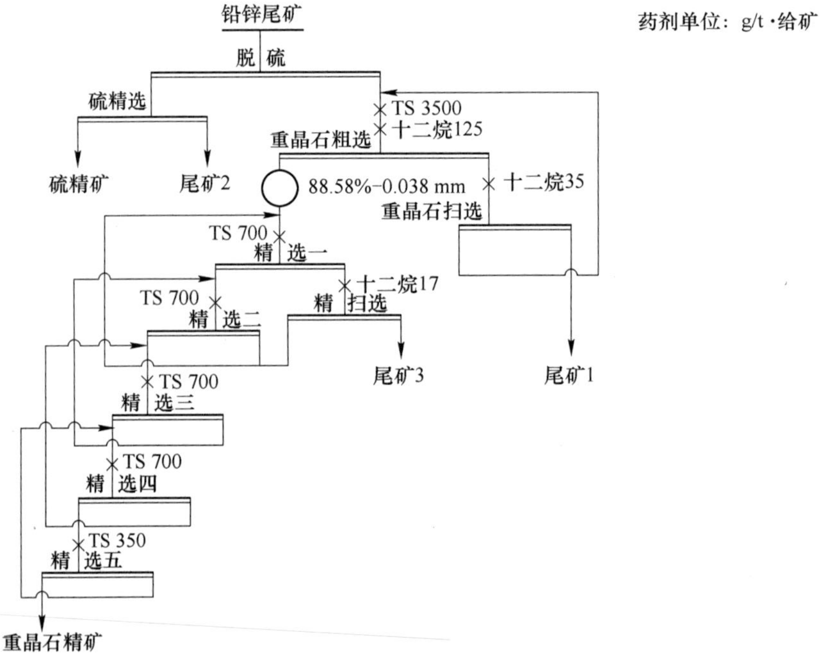

图 3-14　某铅锌尾矿回收重晶石工艺流程

3. 2. 1. 2　铜尾矿再选

铜是国民经济发展不可或缺的矿产资源，随着社会经济的发展，市场对铜的需求日益增大，铜矿资源开采规模逐年增加，产生大量尾矿。铜尾矿再选回收可以提高铜矿资源的使用效率，缓解资源短缺压力，改善生态环境，并促进经济和社会发展。

A　铜尾矿中回收铜、硫

湖北某铜尾矿的铜品位为 0. 13%，其中 90. 30%的铜以硫化矿物形式存在。为了充分回收铜精矿，采用了浮选脱泥、磨矿、一粗三精浮铜的工艺流程（见图 3-15），获得铜品位为 18. 31%、回收率为 60. 71%的铜精矿和硫品位为 53. 70%、回收率为 66. 34%的硫精矿。

B　铜尾矿中回收铁

新疆某铜铁矿在浮选选铜后，尾矿中铁的含量（质量分数）约为 26%。使用强磁选直接回收铁效果较差，为解决这一问题，采用了磁化焙烧—磁选工艺回收铁。该工艺通过将原矿中的弱磁性赤铁矿还原为强磁性的磁铁矿，然后采用弱磁选获得了品位为 58. 78%、回收率为 89%的高品质铁精矿。

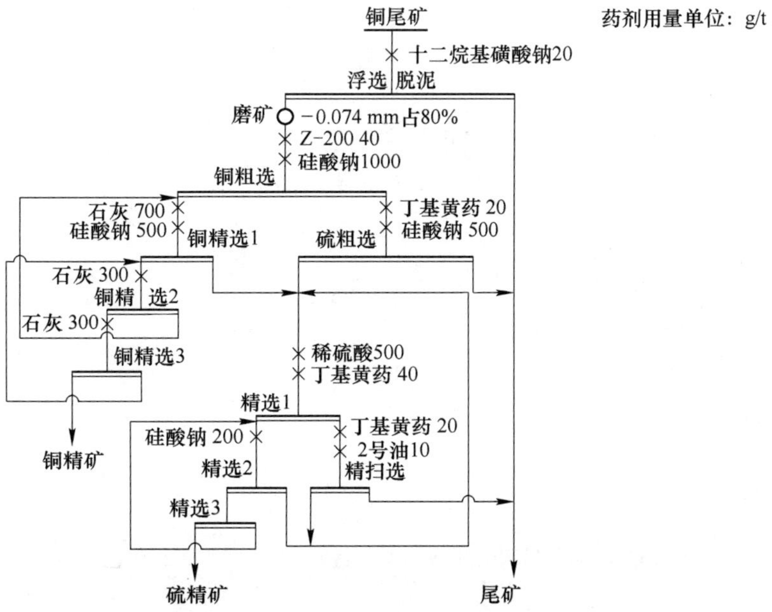

图 3-15　湖北某铜尾矿回收铜、硫工艺流程

3.2.2　稀有金属尾矿再选

3.2.2.1　钽铌尾矿再选

钽、铌同属稀有元素，在地壳中分布少且分散。由于钽和铌的原子结构相似，又位于同一副族，物理化学性质非常相似，使得它们在地质过程中密切共存。钽铌元素广泛应用于电子、高性能合金、超导技术、新能源技术、航空航天和医疗卫生等领域。尽管我国钽铌资源丰富，但大多数钽铌矿床的品位都接近或略高于我国制定的钽铌矿床储量计算的最低工业品位。而且，在钽铌选矿过程中，精矿的产率仅为1%。因此，钽铌选矿产生的尾矿量几乎等于原矿量，尾矿排放量很大。钽铌尾矿含有大量的石英和长石，以及大量的锂、钽、铌、铷、铯、锆等战略金属。高效回收这些有价金属不仅可以提高企业的经济效益，而且对我国钽、铌和锂等战略性矿产的安全也具有重大意义。

A　钽铌尾矿回收钽铌

钽铌尾矿品位低、粒度细，很难通过重选、磁选等常规物理选矿方法获得高质量的钽铌精矿。因此，目前多通过重选—浮选联合工艺处理钽铌尾矿。

某钽铌尾矿−38 μm粒级中 Ta_2O_5、Nb_2O_5的分布率达到80%以上，针对该矿微细粒、低品位的矿石性质，采用如图3-16所示的“离心机预富集-粗精矿浮选”的重—浮联合工艺处理。通过离心选矿机进行预富集，大量细泥被抛出，浮选使用螯合捕收剂BK412和辅助捕收剂BK411，提高了对低品位、微细粒钽铌资源的浮选效率，最终获得精矿中 Ta_2O_5 和 Nb_2O_5 品位分别为18.25%和9.08%，Ta_2O_5 和 Nb_2O_5 作业回收率分别为35.52%和35.22%的指标。

江西某细粒花岗岩型钽铌尾矿中钽铌主要分布在−0.036 mm粒级中，分布率达到75%左右。针对该细粒钽铌尾矿的特点，先用螺旋溜槽进行预先富集，丢弃部分尾矿，粗

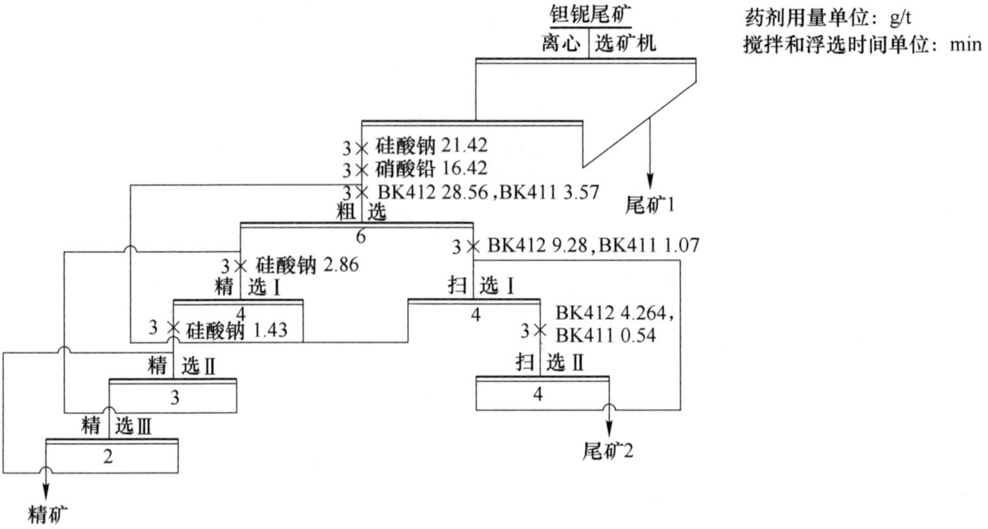

图 3-16 钽铌尾矿离心机预富集-粗精矿浮选回收钽铌工艺流程

精矿进入浮选再富集。对溜槽预先富集的细粒钽铌粗精矿进行一粗两精两扫磁化浮选，流程如图 3-17 所示，最终获得 Ta_2O_5精矿品位为 18.21%，回收率为 62.28%；Nb_2O_5精矿品位为 10.09%，回收率为 53.27%的指标。

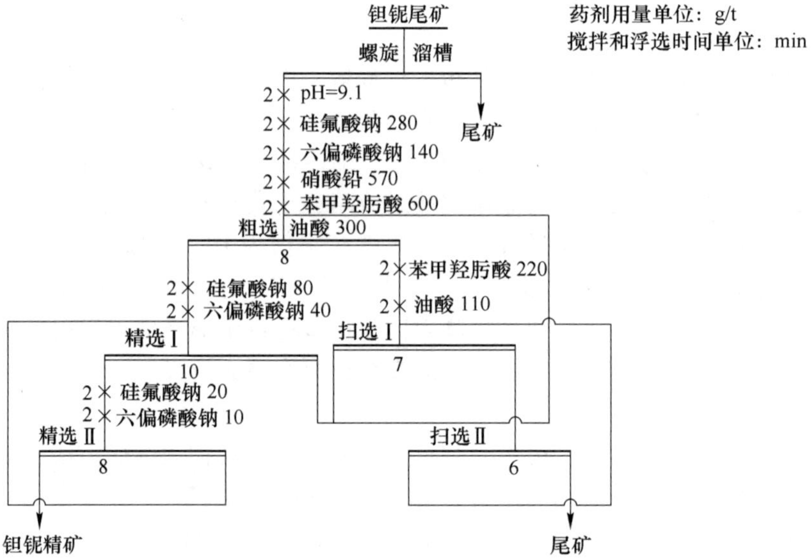

图 3-17 细粒钽铌矿磁化浮选工艺流程

B 钽铌尾矿回收锂云母

早期钽铌矿山因选矿技术和经济效益不佳等问题，只对钽铌矿石中的钽铌进行回收，导致大量高品位锂云母流失到尾矿中。近年来，随着新能源汽车和储能电池等行业的高速发展，全球锂资源需求爆发式增长，因此对流失在尾矿中的锂资源进行回收也变得越来越重要。

宜春钽铌矿重选尾矿是回收钽铌金属后的尾矿，具有复杂的矿物组成。锂云母是主要的回收矿物，还有少量锂白云母。钠长石是最常见的脉石，其次是石英、钾长石、黄玉、绢云母、高岭石等。Li_2O 金属主要分布在+0.15 mm 粗粒级矿物中，分布率高达 77.3%。使用阴离子捕收剂 LZ-00 与椰油胺组合作为捕收剂，通过一粗一精一扫的浮选工艺（见图 3-18），得到了 Li_2O 品位为 4.12%、回收率为 70.37%的锂云母精矿。

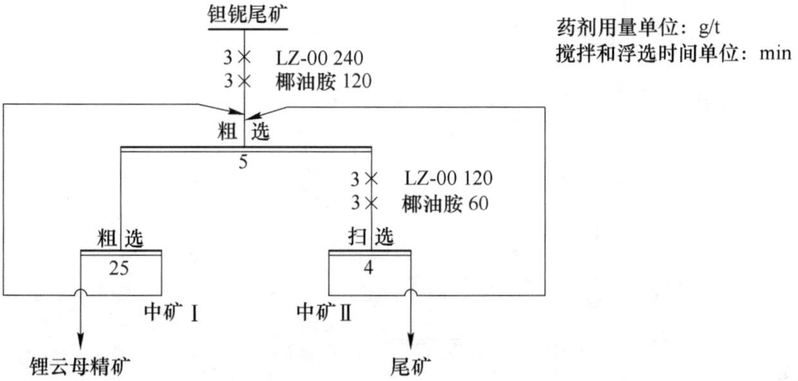

图 3-18 宜春钽铌矿重选尾矿浮选回收锂云母工艺流程

内蒙古某钽铌尾矿中含有大量的锂云母矿物，含 Li_2O 1.02%。脉石主要为长石、石英类硅酸盐矿物，矿石中的细泥（含原生细泥和磨矿产生的次生细泥）制约了锂云母浮选精矿品质的提高。采用钽铌尾矿脱泥-锂云母浮选（一次粗选、一次选扫）工艺流程（见图 3-19），碳酸钠为调整剂，椰油胺+MC-2 组合为捕收剂，获得了锂精矿含 Li_2O 5.02%、Li_2O 回收率为 74.82%的指标，实现了锂资源的有效回收。

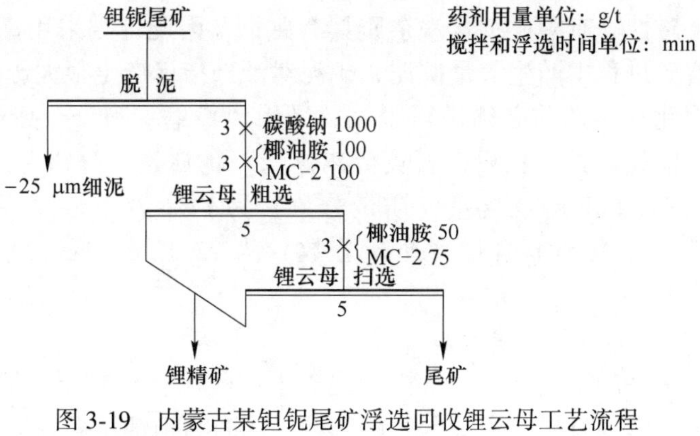

图 3-19 内蒙古某钽铌尾矿浮选回收锂云母工艺流程

C 钽铌尾矿回收长石、石英

钽铌尾矿中含有大量可回收的长石与石英，但二者同属架状硅酸盐矿物，具有相似的表面性质，浮选分离困难。

某钽铌尾矿可供回收矿物主要为长石、石英和云母，杂质矿物主要有磷灰石及含铁矿物。矿石粒度组成较粗，−0.074 mm 粒级含量（质量分数）仅为 21.31%，因此，浮选前必须磨矿，且磨矿细度以−0.074 mm 占 60%为宜。采用如图 3-20 所示的工艺流程对长石、石英进行回收，获得了达到玻璃及陶瓷Ⅱ级标准的长石和石英产品，且长石、石英回收率达 75%。

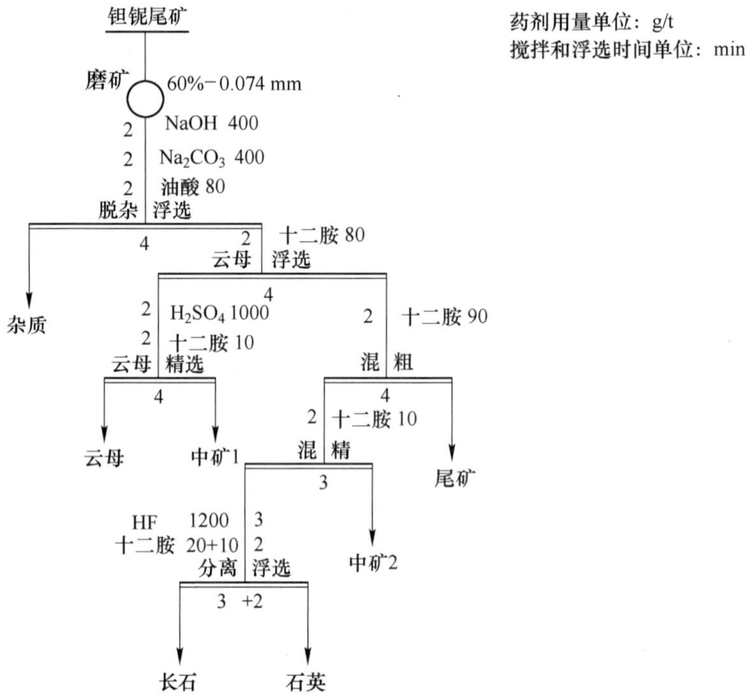

图 3-20　某钽铌尾矿回收长石和石英工艺流程

江西某钽铌尾矿中主要回收矿物为云母、长石和石英。由于云母、长石和石英粒度细、密度接近、无磁性，有害矿物含铁杂质具有磁性，因此计划采用高梯度强磁选除杂。考虑到该试样在磨矿过程中产生大量矿泥，矿泥对浮选指标产生很大影响，并且细泥中铁杂质含量更高，因此在浮选前必须进行脱泥。采用“棒磨—筛分—高梯度磁选除铁—螺旋分级脱泥—云母优先浮选—长石、石英分离浮选”的磁选—分级—浮选联合工艺（见图 3-21），获得了 Na_2O 和 K_2O 含量（质量分数）为 11.45%、Fe 含量（质量分数）为 0.14%的长石精矿，以及 SiO_2 含量（质量分数）为 92.12%、Fe 含量（质量分数）为 0.12%的石英精矿。

D　钽铌尾矿回收其他稀有贵金属

随着选矿技术水平的不断提高，从钽铌尾矿中回收铷、锆等伴生战略性稀有贵金属，不仅可以有效缓解我国稀有矿产资源紧张的问题，同时为钽铌尾矿高值化利用开辟了一条新途径。

针对内蒙古某钽铌多金属矿含铷尾矿（Rb_2O 品位为 0.12%），采用焙烧—水浸工艺，以无水氯化钙与氯化钠为焙烧助剂，在矿样、无水氯化钙、氯化钠用量（质量）比为 1∶0.5∶0.5，焙烧温度与时间分别为 850 ℃、20 min，液固比为 3∶1，浸出时间为 20 min 的条件下，获得了铷浸出率为 92.33%的良好指标。此后浸出液再经过净化除钙—蒸发浓缩—分馏萃取—反萃取—浓缩结晶工艺处理，制得了纯度高于 99.0%、总提取率为 73.33%的氯化铷产品。

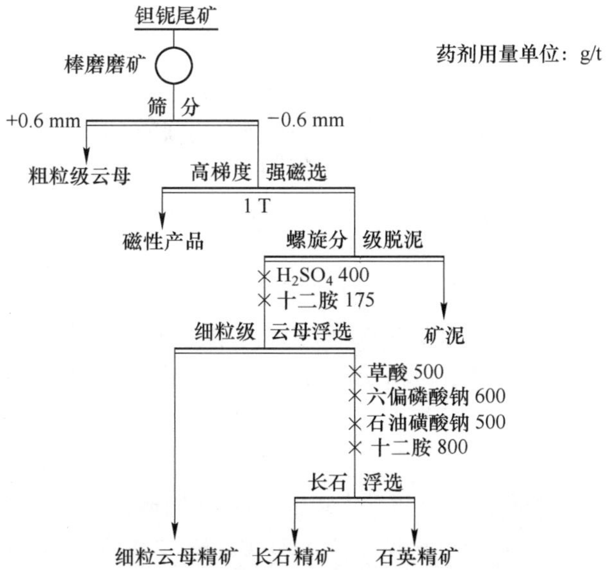

图 3-21 江西某钽铌尾矿回收长石、石英工艺流程

针对江西横峰铌钽矿尾矿，提出了一种以廉价生石灰为主要原料，并添加少量氢氧化钠为反应助剂，通过高温熔融分解富锆钽铌尾矿，制备氯氧化锆的新方法。结果表明，氢氧化钠的加入可显著提高锆的浸出率，在 m(NaOH) : m(CaO) : m(尾矿) = 0.2 : 1.5 : 1，反应温度为 1250 ℃，反应时间为 2h 的条件下，获得了锆浸出率为 68.51%，质量良好的氯氧化锆。

3.2.3 贵金属尾矿再选

我国有大量的金矿资源，但随着富矿的大规模开发，当下的金矿资源普遍品位较低，并且选矿难度较大。在我国，金矿尾矿的含金量较高，通常在 0.5 g/t 左右，具有很高的回收价值。随着生产技术的不断进步和金价的逐步上涨，对含金尾矿再选具有重要意义。

A 金尾矿回收残余金

金尾矿中金的主要存在形式为自然金，并与黄铁矿、褐铁矿等含铁矿物紧密嵌布。目前，金尾矿残余金的回收主要依靠浮选法和浸出法。

研究人员采用新型捕收剂 HB-1 对金尾矿中金进行了浮选回收，得到的最终金精矿回收率比传统的丁基黄药和丁铵黑药捕收剂提高了 10%。此外，研究人员开发了乳化—絮凝浮选工艺，使用阴离子型乳化剂月桂酸皂和非极性油 LR 作为自制絮凝剂对金尾矿中金进行浮选回收，乳化—絮凝浮选工艺从含金 1.26 g/t 尾矿中获得精矿含金 18.74 g/t 的良好指标，回收率为 77.13%。

研究人员使用酸性硫酸体系对低品位金尾矿中的金进行了浸出，原矿先经过焙烧，然后进行硫磺浸出，该方法的工艺流程短、试剂无毒，金的浸出率为 77.5%。

B 金尾矿回收伴生有价金属铁、锌、钨

金尾矿中的铁通常以褐铁矿和赤铁矿形式存在，采用分散态磁化焙烧—磁选技术可以有效回收尾矿中难以回收的细粒铁矿物。在控制分散剂和絮凝剂（油酸+煤油）的用量分别为 2.50 kg/t 和 5.64 kg/t 的条件下，获得了铁精矿的品位为 57.15%、回收率为 81.43% 的指标。

金尾矿中锌的主要存在形式是闪锌矿，还有少量氧化锌。目前，主要采用浮选法回收金尾矿中的锌。内蒙古某浸金尾矿含有大量锌矿物，由于氰化浸金尾矿的矿浆中含有大量的 CN^-，锌矿物的浮选在一定程度上受到其抑制。使用 FL3 作为调整剂，对锌矿物进行活化，可以有效降低 CN^- 对锌矿物的抑制作用。最终，获得了锌精矿品位为 40.35%、回收率为 78.82%的指标。

在金尾矿中，钨的主要存在形式是白钨矿和黑钨矿。白钨矿主要通过浮选法回收，而黑钨矿主要通过磁选法回收。使用 CF-06 捕收剂对某金尾矿中的白钨矿进行回收，通过一粗三扫一精的浮选工艺，获得了钨精矿 WO_3 品位为 50.71%、回收率为 71.06%的指标。

3.2.4 钨尾矿再选

钨被称为“工业的牙齿”，在冶金、化工、航空等领域都具有重要应用。我国是钨资源大国，但我国钨矿原矿品位普遍较低（0.1%~0.8%）。由于近几十年来对钨矿资源的持续开采，且选钨尾矿产率高，导致钨尾矿堆积量巨大。选钨尾矿中含有大量有价矿物，因此对钨尾矿中有价金属回收具有重要意义。

A 钨尾矿中回收钨金属

某白钨矿浮选脱硫尾矿粒度较小，含钨 0.085%，主要分布在-0.043 mm 粒级中，脉石矿物以石英和硅酸盐类矿物为主，白钨矿是主要目标矿物。使用浮选柱-浮选机联合工艺回收钨（见图 3-22），获得了 WO_3 品位 4.61%的钨精矿，回收率为 82.65%，尾矿中的钨金属得到了有效回收。

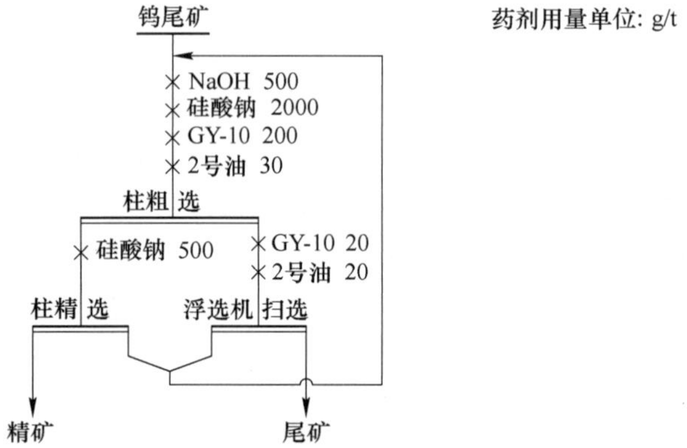

图 3-22 某白钨矿尾矿柱-机联合回收钨工艺流程

某选钨尾矿中主要脉石矿物为石英和萤石等。具有回收价值的金属为以白钨矿形式存在的钨，WO_3 品位为 0.30%。使用浮选法进行回收该尾矿中的钨，粗选段采用一粗二扫，精选阶段在加温条件下采用一粗一扫，最终得到的钨精矿 WO_3 品位为 8.29%，回收率为 52.32%。

B 钨尾矿中回收硫化矿金属

钨矿中常伴生有钼、铋等有价金属。使用粗磨粗选、粗精矿再磨再选工艺回收某含钼品位较低的钨重选尾矿中的钼，流程图如图 3-23 所示，所得钼精矿回收率为 68.48%，最终品位为 46.39%。

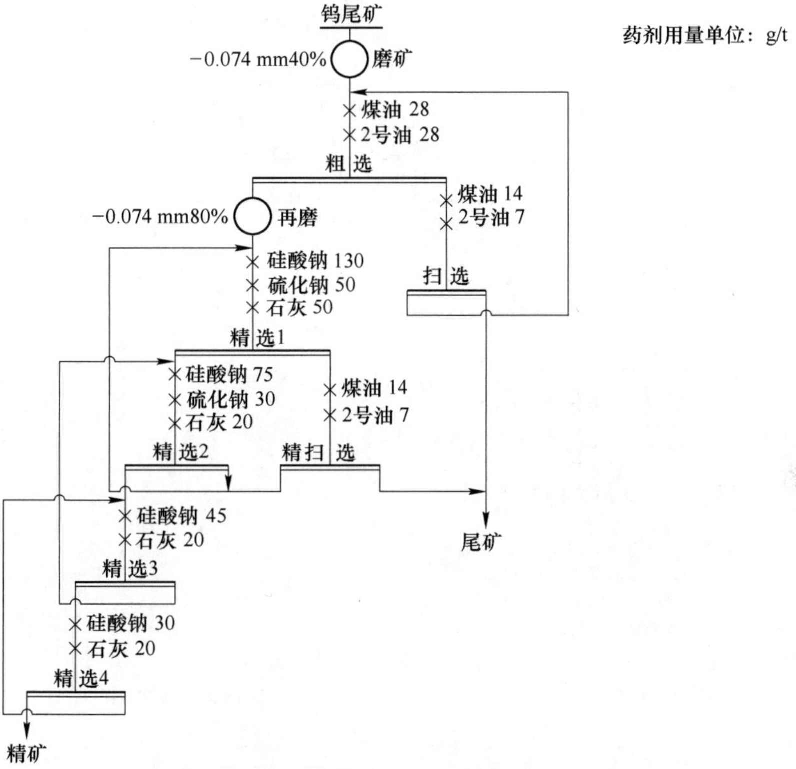

图 3-23　钨重选尾矿回收钼工艺流程

也有研究人员采用先分支串流混合浮选再分离浮选的新型工艺回收某钨尾矿中的有价金属，获得了品位和回收率分别为 14.80%、86.70% 的铋精矿及品位和回收率分别为 46.33%、67.12%的钼精矿，与常规浮选工艺相比，钼铋精矿品位提高了一倍。

C　钨尾矿中回收非金属矿物

钨尾矿中所含非金属矿物主要有萤石、方解石、云母、石英、长石、石榴石等，其中具有综合回收利用价值的是萤石、石英和石榴石。

a　钨尾矿中回收萤石

萤石是一种重要的含氟工业矿物，是制取氟化氢的主要原料，又因其低熔点被广泛应用于化工、冶金、陶瓷等行业中。因此，加强对尾矿中萤石组分的回收利用意义重大。有学者采用如图 3-24（a）所示先磁选后萤石浮选工艺流程回收钨尾矿中的萤石，浮选回收工艺中使用捕收剂 BK410 和抑制剂碳酸钠、Na_2SiO_3，获得了品位为 97.15%、回收率为 69.89%的精矿产品。还有学者以酸化 Na_2SiO_3+HF 为抑制剂，HY 为捕收剂，采用如图 3-24（b）所示一粗七精的工艺流程从某尾矿中综合回收低品位的萤石，在尾矿中萤石品位为 8.12%的情况下，得到了品位 95.36%、回收率 61.39%的指标，实现了萤石资源的高效回收。

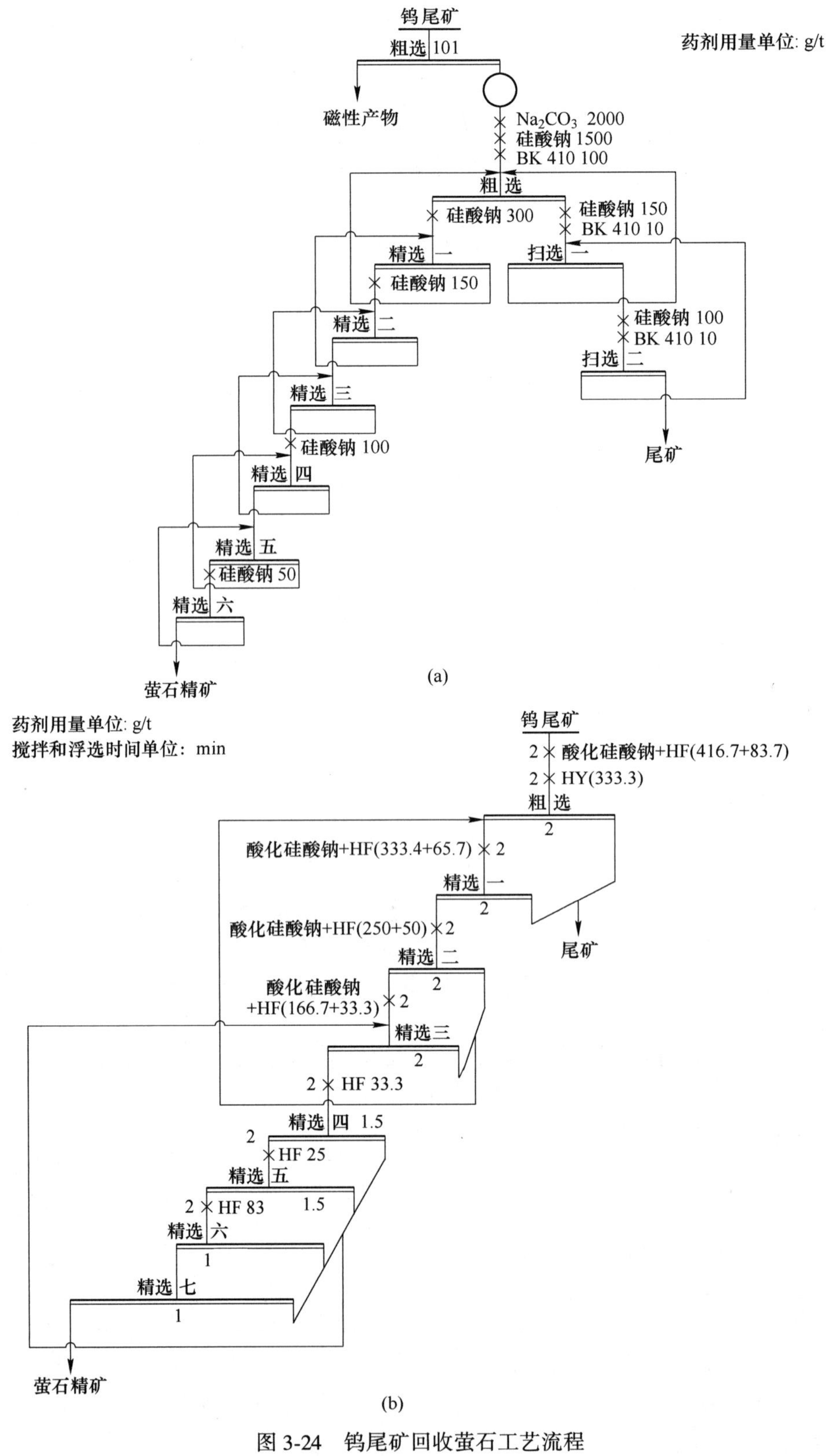

图 3-24 钨尾矿回收萤石工艺流程

（a）某黑白钨尾矿回收萤石闭路实验流程；（b）某钨尾矿回收萤石闭路实验流程

b　石英的回收

石英是一种物化性质非常稳定的矿产资源，广泛用于玻璃、陶瓷和橡胶等行业。针对江西某钨尾矿中石英含量大、粒度较大和解离度高的特点，采用筛分—擦洗—脱泥—分级流程和擦洗—脱泥—分级—正浮选流程等两种工艺对其进行回收，获得了良好指标。

c　石榴石的回收

由于其高硬度和良好的耐酸碱性，石榴石在各种行业中得到广泛应用。研究人员采用磁选和磁选—重选联合工艺回收黄沙坪浮选钨、钼、铋、萤石后的低品位尾矿中的石榴石，结果表明两种工艺都可以得到石榴石精矿产品，但磁选方法可获得品位为72%、回收率为89.98%的石榴石精矿，回收率更高。

习　题

3-1　矿石重选的基本原理是什么？重选分选的影响因素有哪些？

3-2　磁选法适用于哪些矿石？

3-3　浮选的基本原理是什么？常见的浮选设备有哪些？

3-4　有色金属主要有哪些？简述它们的回收方法。

3-5　在贵重金属尾矿再选过程中，你认为影响选矿效果的主要因素有哪些？请简要说明并提出相应的改进措施。

4 矿山固体废弃物在充填采矿中的应用

4.1 概　　述

采矿是矿产资源开发和利用的基础，但是采矿活动大量排放固体废料破坏地表环境。随着矿产资源日渐枯竭和国家对环境保护的重视，无废采矿将是采矿发展的必然趋势，而充填采矿法正契合无废开采的要求。矿山充填在提高资源回采率、保护矿区地表环境、防止地表塌陷和充分利用矿山固体废料等方面具有明显的意义。

能够实现矿山固体废料循环利用的充填模式，其实质是要把矿山的各个生产工序作为一个系统对待，将充填作为矿山废料资源化的工序，让废料转化为矿山内部资源，从根本上解决矿山环境保护问题。在国内南京银茂铅锌矿已按这一充填新模式进行矿山充填，实现了矿山尾砂和废石的零排放，成为无尾砂库、无废石堆场的矿山。冬瓜山铜矿和会泽铅锌矿正在按这一模式组织充填，取得了很好的效果。

矿山固体废弃物可分为两大类：(1) 废石（包括煤矸石），即在开采矿石过程中剥离出的岩土物料，堆放废石地称为排土（石）场。(2) 尾矿，即在选矿加工过程中排放的固体废弃物，其储存场地称为尾矿库（坝）。实际上，矿山固体废弃物应用于充填材料，可以在这两类的基础上按不同标准分类。

A　按充填材料粒级分类

(1) 块石（废石）充填料。块石（废石）充填料主要用于处理空场法或留矿法开采所遗留下来的采空区，如赣南各钨矿等；有时也用于中小型矿山和地方黄金矿山的水平分层充填采矿法，如东坪金矿、红花沟金矿等。对于削壁充填采矿法如撰山子金矿，其充填料也是块石。

块石充填料的粒级组成因矿山和岩性而异，难以进行统计分析。充填料是借助重力或用矿车和皮带输送机卸入采场的，在这个过程中，由于碰撞、滚磨等，块石的颗粒级配将明显变小。

(2) 碎石（粗骨料）充填料。碎石（粗骨料）充填料主要用于机械化水平分层充填法，以及分段充填采矿法，用水力输送，也可加入胶结剂制备成类似混凝土的充填料。会泽铅锌矿麒麟厂矿区利用地表剥离废石和井下掘进废石（白云岩和白云化灰岩）经破碎后用作碎石充填料，平均粒径 $d=7.37$ mm。

(3) 磨砂（戈壁集料）充填料。当分级尾砂数量不足时，可采用一部分磨砂（戈壁集料）补充。凡口铅锌矿的磨砂是由井下掘进废石经破碎和棒磨而成。这类充填料与脱泥尾砂相同，用水力输送，主要用于分层或进路充填法采场。

(4) 天然沙（河沙和海沙）充填料。这类充填材料与磨砂一样，也是用于补充脱泥尾砂的数量不足或选厂尾砂不适合用作充填料。其输送方式及适应的充填采矿法均与磨砂相同。

（5）脱泥尾砂充填料。这是使用最广泛的一种充填材料，来源方便，成本低廉，只需将选矿厂排出的尾砂用旋流器脱泥。这种充填料全部用水力输送，既适合于各种分层或进路充填法，也适用于处理采空区。

（6）全尾砂充填料。选矿厂出来的尾砂不经分级脱泥，只经浓缩脱水制成高浓度或膏体充填料。高浓度或膏体全尾砂充填料在添加水泥等胶结剂后，主要用于分层或进路充填采矿法中，采用泵压输送或自流输送方法。按照土力学或散体介质力学的粒级分类方法，脱泥尾砂基本上介于沙粒范围，而全尾砂则介于细沙粒和粉粒范围之间。

B　按力学性质分类

根据充填体是否具有真实的内聚力，可将充填材料分为非胶结和胶结两类。

（1）非胶结充填材料。前面所述的各种充填材料均可作为非胶结充填料，但对全尾砂来说，由于含细微颗粒多，脱水比较困难，在爆破等动荷载作用下存在被重新液化的危险，在目前的工程技术水平条件下，全尾砂充填料一般需加入水泥等胶结剂制备成胶结充填料。除了干式充填的块石及风力输送的砂、石充填料外，对于非胶结的水砂（尾砂）充填材料来说，其脱水性能即渗透系数是最重要的质量指标。

（2）胶结充填材料。一般情况下，块石、碎石、天然砂、脱泥尾砂和全尾砂均可制备成胶结充填材料或胶结充填体。对于不适宜用水力输送的块石或大块的碎石来说，可借助于重力或风力先将其充入采空区，然后在其中注入胶结水砂（尾砂）充填料，以形成所谓的胶结块石充填体。固体质量浓度为60%~70%的胶结脱泥尾砂充填料，由于加入了水泥，其渗透系数大为降低。因此，对胶结充填材料来说，渗透系数已无太大的实际意义，而充填体抗压强度才是最重要的质量指标。20世纪80年代末，我国开始研制与开发用于矿山充填的新型胶结材料，其中在高水材料、高炉矿渣、赤泥和灰煤等胶凝材料的研究与应用方面取得了较大的进展。

C　按照矿山充填技术的发展历程

矿山充填技术的发展历程如图4-1所示。

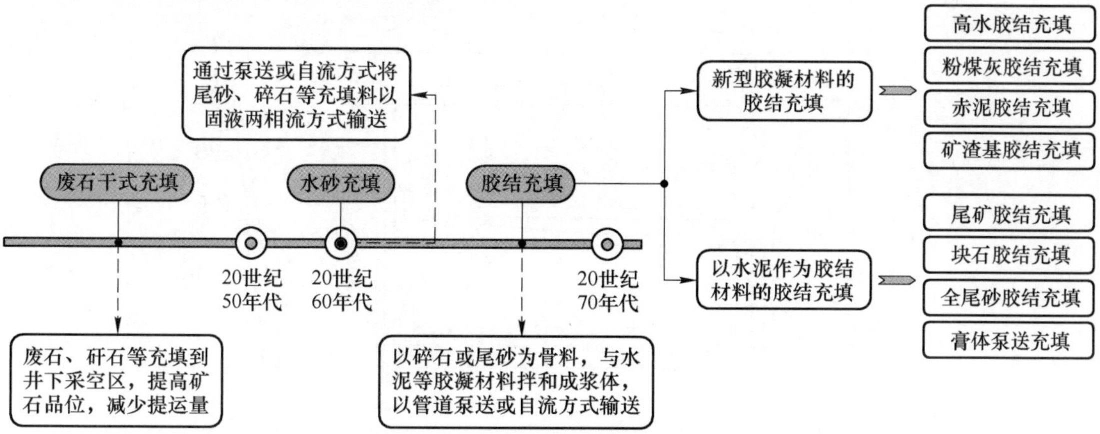

图4-1　矿山充填技术的发展历程

a　干式充填

20世纪50年代以前，干式充填是充填采矿常用的方法。干式充填主要以废石、砂石、工业废渣为原料，在完全不考虑充填物料性质和效果的情况下，通过人力、风力、机械等方式将材料搬运至采空区进行充填，其主要目的是处理固体废弃物，减少废石提升成本。该技术按工作面形式可分为上向水平分层干式充填法、倾斜分层干式充填法和削壁充填采矿法（见图 4-2）。

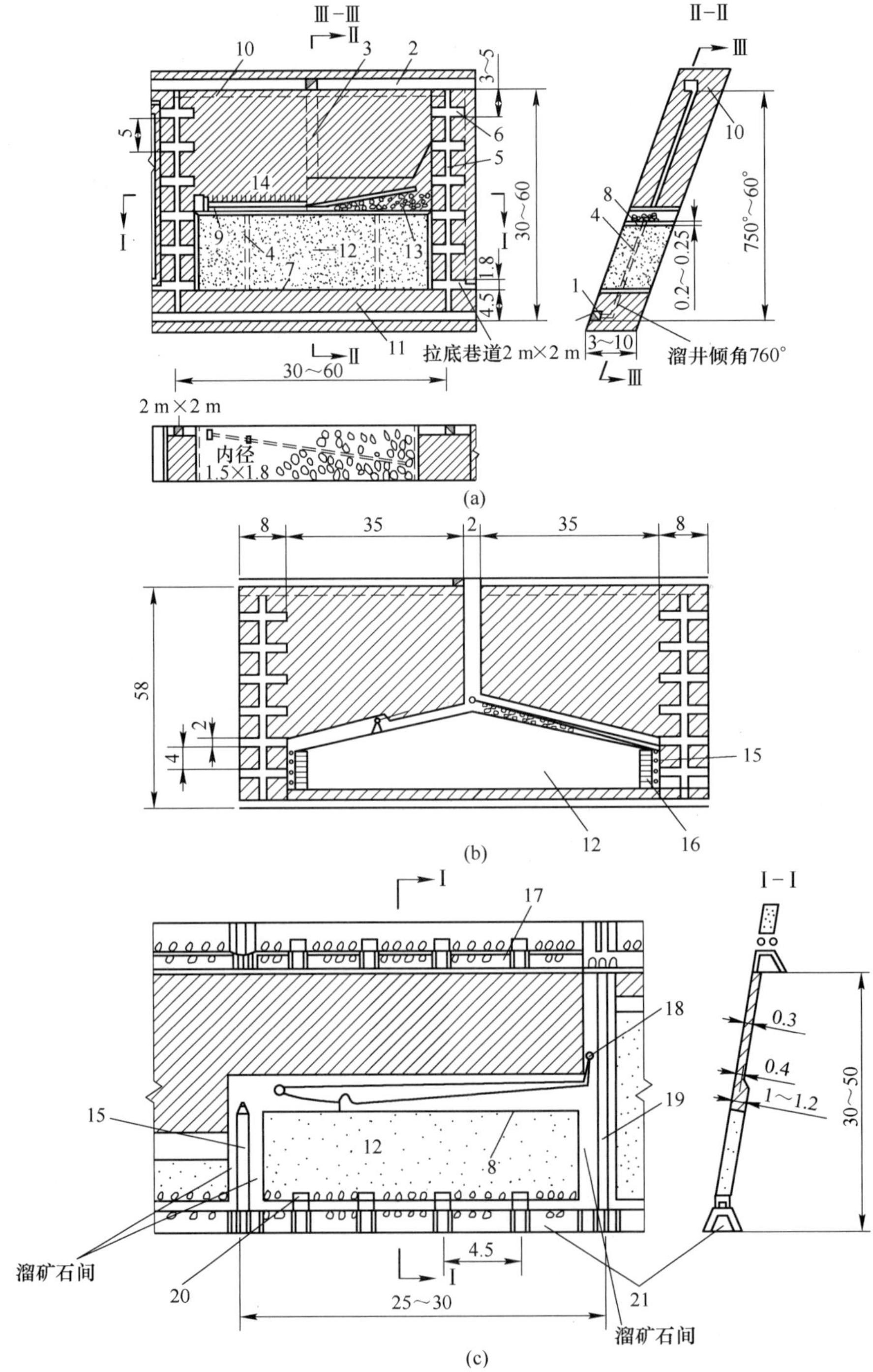

图 4-2 干式充填采矿法（单位：m）

（a）上向水平分层干式充填法；（b）倾斜分层干式充填法；（c）削壁充填采矿法

1—阶轻楼；2—回风巷道；3—充填天井；4—放矿溜井；5—人行通风天井；6—联络道；7—隔墙；8—垫板；9，18—电耙绞车；10—顶柱；11—底柱；12—充填料；13—崩下矿石；14—炮孔；15—顺路天井；16—块石隔墙；17—回风平巷；19—天井；20—放出多余废石的溜子口；21—运输平巷干式充填法用于矿石稳固、围岩不稳固的倾斜矿床的开采时具有矿石回收率高、贫化率低、能适应矿体产状的复杂变化、充填速度较快、作业比较安全等优点。但由于不能管道自流输送，充填劳动力需求大，作业成本高，采场充填时间长，井下粉尘污染严重，采场进行充填时不能进行生产，随着回采技术的发展，干式充填法逐渐被淘汰。

b　水力充填

由于干式充填满足不了矿山需求，20 世纪 50—60 年代之后，以美国为代表的一些地区开发了水力充填技术。水力充填的材料是砂、碎石、选厂尾砂或炉渣等，与水混合后，用管道借水力输送至采场。水力充填的基本设备包括分级脱泥设备、砂仓、砂浆制备设施、输送管道、采场脱水设施及井下排水和排泥设施。管道水力输送和充填管道是水力充填最重要的工艺和设施。水砂充填系统如图 4-3 所示。注浆和充填物进入采空区后，由于重力作用而滞留在采空区，而上部的清水和一起漏出的细泥则被排出地面。

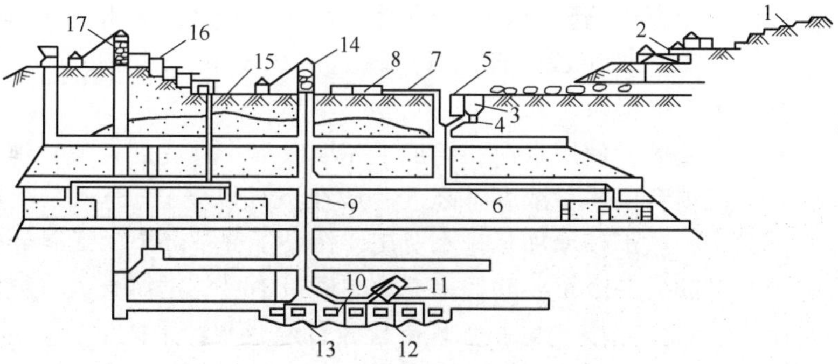

图 4-3　水砂充填系统示意图

1—采石场；2—充填料破碎站；3—砂仓；4—注砂室；5—充填井；6—充填管；
7—供水管；8—储水池；9—排水管；10—水泵房；11—密闭泥仓；12—压气排泥罐；
13—中央沉淀池；14—副井；15—充填钻孔；16—选厂；17—主井

c　胶结充填

由于非胶结充填体无自立能力，难以满足采矿工艺高回采率和低贫化率的需要，20 世纪 60 年代，胶结充填技术应运而生。胶结充填技术是在水力充填骨料的基础上加入硅酸盐水泥或者水泥替代品等胶凝剂，以管道自流输送或者泵送方式输送，提高了充填体质量，降低了充填工艺成本和劳动强度。主要的胶结充填方式如图 4-4 所示。

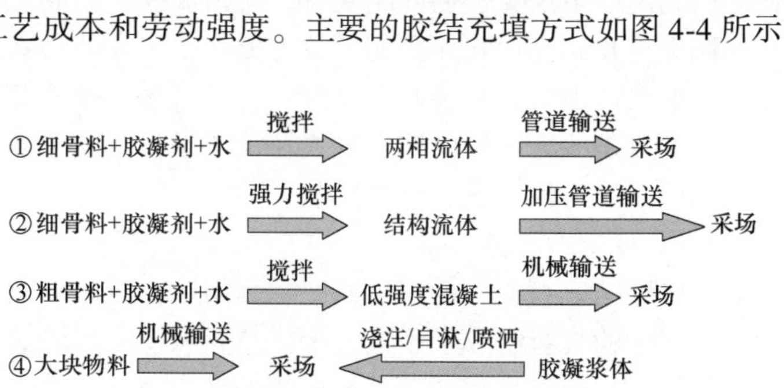

图 4-4　主要的胶结充填方式

4.2 胶结充填的种类及特点

4.2.1 水泥材料胶结充填技术

胶结充填最初是以硅酸盐水泥作为胶凝材料，将矿山固体废弃物按照惰性材料的级配划分为块石和细砂等作为充填骨料。在此基础上，发展趋势以提高浓度为主线，因此开发出利用全尾砂为主体的全尾砂高浓度胶结充填、全尾砂膏体胶结充填及全尾砂似膏体充填等新工艺。

4.2.1.1 细砂胶结充填

细砂胶结充填以水泥为主要胶结剂，以山砂、河砂、尾砂等惰性材料作为充填骨料，两相搅拌均匀后通过管道输送至采场，一般以自流输送为主。细砂胶结充填料集水力充填的管道输送特性和混凝土充填的胶结特性于一体。特别是用尾砂作惰性材料的胶结充填，因其充分利用工业废弃物、加工成本低、管道输送工艺简单、环保低效益突出等明显优势，很快取代了其他惰性材料。

但尾砂胶结充填需要大量使用水泥，增加了充填成本，且受到自流管道输送浓度的限制。普通的尾砂胶结充填料浆质量浓度不高（一般在70%以下），充入采场后，必须通过滤水设施排出大量的水，这不仅增加了排水费用、污染了井下环境，而且还会降低充填体的强度。尾砂充填存在的另一个重要问题是充填尾砂量不足，据调查大多数尾砂充填矿山的尾砂不能满足生产需要，充填“欠账”现象比较普遍，制约采矿生产。

4.2.1.2 块石胶结充填

块石胶结充填体的实质是由矿山产生的块石作为充填骨料，用水泥浆（砂浆）包裹块石并填充块石间隙，形成一种具有整体支撑能力和自立能力的胶结整体。该技术是根据混凝土理论，在废石干式充填和细砂胶结充填基础上发展起来的新型充填工艺。

块石胶结充填工艺是废石干式充填和水泥砂浆充填的综合，所需要的水泥量仅仅是尾砂胶结充填所需水泥量的40%，但胶结材料硬化后抗压强度能够提高1~2倍，具有充填工艺简单，充填体强度高，水泥用量低，能最大限度利用井下废石的优点。块石胶结充填的块石粒径一般小于300 mm，多数控制在150 mm以下，砂浆为尾砂浆或细砂浆。由于块石与砂浆分开输送，利用砂浆的穿透性固结块石，无须搅拌，其充填体强度接近于混凝土胶结充填强度。与混凝土胶结充填相比，充填效率提高，工人劳动强度降低。该工艺技术适合于大采场充填，如果矿山露天采场的剥离废石可供利用，则效益更加显著。块石胶结充填当前存在的问题主要是缺乏较好的监测方式及仪器设备，缺乏综合测试和评价手段对块石胶结充填体的强度、稳定性等进行有效监控。

4.2.1.3 全尾砂高浓度胶结充填

为了解决传统的尾砂胶结充填技术暴露出的一系列问题，全尾砂高浓度胶结充填技术应运而生。全尾砂是指尾砂的粒级组成未经人工干扰。高浓度全尾砂胶结充填工艺的特点是以全尾砂作惰性充填材料，通过活化搅拌，使充填料浆制备成高浓度料浆的充填工艺。当料浆浓度达到一个限值时，料浆便从一般两相流的非均质牛顿流体，转变为似均质流的非牛顿流体，从而流态发生根本性的变化。这个限值点称为“临界流态浓度”。这里所谓高浓度即指大于临界值的浓度，即属于非牛顿流体。

全尾砂高浓度胶结充填中的全尾砂和水泥等固体物料组成的混合料浆属于一种具有触变性质的标准分散系。一般而言，高浓度料浆具有屈服应力，尾砂的质量浓度在68%～75%。由于细粒级物料含量大，其表面积大大增加，只有在强力搅拌的作用下，才能使混合料浆中固体分散体系被“稀释”具有流动性，并使胶结微粒分布均匀。

全尾砂胶结充填工艺流程如图4-5所示。该工艺直接采用选厂的尾砂浆，经高效浓密机和真空过滤机两段脱水获取湿尾砂，应用带破拱架的振动放矿装置和机械搅拌装置，将全粒级尾砂与适量的水泥和水合成高浓度的均质胶结充填料，以管路输送、宾汉流体的方式充入采场。

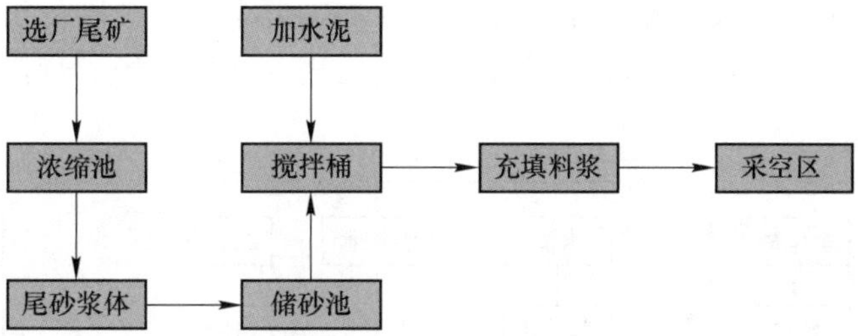

图4-5　全尾砂高浓度胶结充填工艺流程

全尾砂高浓度胶结充填料浆具有以下优点：

（1）高浓度料浆固体颗粒在横断面上呈均匀分布状态，不易发生离析和沉淀。

（2）高浓度充填的实现使尾矿底流能达到含固体物质量76%～85%，尾砂利用率超过90%。

（3）可以减少采场的脱水量和胶结材料的用量，降低成本，减少井下细泥污染。

（4）可以明显改善充填体的物理力学性能，提高充填体强度和充填效果。

高浓度全尾砂胶结充填料浆适用于矿体集中、尾砂和水泥来源方便的中、小型有色矿山和黄金矿山，可以减少尾矿库筑坝费用。但该工艺需用机械方法进行浓缩、过滤，工艺复杂。目前高浓度全尾砂胶结充填在矿山充填中仍占主要地位，应用最为广泛。

4.2.1.4　膏体和似膏体泵送胶结充填

膏体充填是在高浓度全尾砂胶结充填的基础上发展起来的工艺，实质是把尾砂和其他一部分充填原材料在地面加工成无临界流速、不需脱水的类牙膏状高浓度浆体，并利用大型充填工业泵通过管道输送到井下采空区的新型采矿方法。膏体充填也被称为“置换开采”，把废弃物制成膏体“完璧归赵”到采空区，同时置换出原来采不出来的矿产资源，具有良好的经济效益和环境效益。

膏体泵送胶结充填技术的关键是解决充填料的可泵性、稳定性和水泥添加技术。充填膏体的组成如图4-6所示。

（1）粗骨料。粗骨料主要包括冶炼水淬渣、棒磨砂、细石等。

（2）细骨料。其中的胶凝材料主要包括矿渣硅酸盐水泥、钢渣水泥、铝酸盐水泥、普通硅酸盐水泥、全砂土胶固材料等，细粒物料分布在管壁周围的润滑层起到润滑作用。

（3）化学外加剂。化学外加剂主要包括泵送剂、早强剂、减水剂、缓凝剂、减阻剂等。

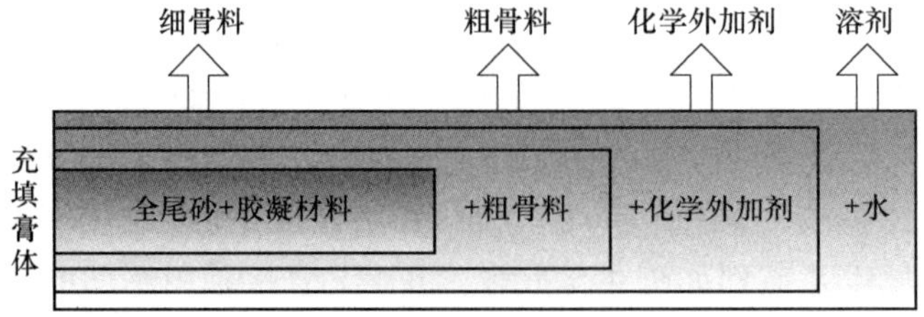

图 4-6 充填膏体组成成分

膏体充填工艺流程为：首先通过絮凝沉降技术将低浓度尾砂浆浓缩成高浓度砂浆，再添加各种工业废弃物，与改性复合胶凝材料及外加剂混合，连续制备出适合管道输送的膏状物料，由钻孔与管道通过自流输送或者泵压输送进入充填采场。膏体充填典型工艺流程如图 4-7 所示。

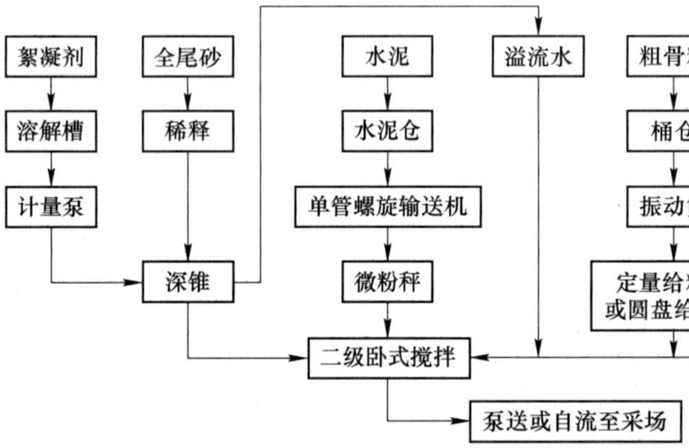

图 4-7 膏体充填工艺流程

膏体充填工艺具有以下优点：

（1）膏体的屈服切应力及塑性黏度比较强，必须通过外力克服料浆自身的屈服应力才能流动。其在管道中的流动状态为结构柱塞流，在整个管道中进行整体平推运动，同一横截面上浆液流动速度为常数，浓度、流速基本不会发生改变，因此稳定性更高。

（2）膏体充填材料的强稳定性使其抵抗分层、离析的能力较强，应用管道输送不易发生堵塞。

（3）膏体充填料浆常使用全尾砂，全尾砂膏体充填料浆的真实质量浓度为 75%～82%，添加粗粒惰性材料后真实质量浓度可达 81%～88%；一般情况下，可泵性较好的全尾砂膏体胶结充填料浆的塌落度为 10～15 cm，全尾砂与碎石相混合的膏体胶结充填料浆的塌落度为 15～20 cm。

（4）膏体料浆中使用细粒级物料，可保证骨料粒径在 35 mm 以下，大大降低了破碎充填骨料的材料加工成本。充填体强度高且水泥耗量小，可以适当降低充填成本。

（5）膏体充填料浆初凝时间短，可以减小充填作业循环周期。而且可以根据煤矿的实际情况对料浆的配方进行调整，材料的初凝时间、初凝强度及终凝强度也会发生改变，可以保证料浆在更短的时间内对围岩产生支撑力，最大限度延缓围岩变形，保证下阶段工作可及时进行。

（6）膏体充填开采的料浆具有较强的可塑性，可保证料浆在管道输送过程中具有较强的抵抗变形能力。

（7）充填前无须进行复杂的隔离，也不用建设过滤排水设施，不会影响采煤工作面的结构，充填水也不会对井下环境造成污染。

（8）充填体易于接顶，有利于采场稳定和采矿作业安全性。

但膏体胶结充填仍存在一些需要解决的问题：

（1）无论采用哪种膏体充填系统，都需将选厂尾砂浆脱水浓缩，达到膏体要求的含量，并且膏体中的固体物料必须有一定量的微细粒（-20 μm），因此在脱水浓缩方面仍有困难。

（2）膏体胶结充填料浆中均添加有3%~5%的水泥作为胶凝材料。如果水泥添加方式不当，则会导致充填质量的下降和管道输送的困难。因此，合理的水泥配置是膏体胶结充填需要解决的问题。

（3）充填系统投资高，充填倍线要求大或需大功率泵送设备。

似膏体胶结充填是基于全尾砂高浓度胶结充填与膏体充填发展而来，既具有水力胶结充填料浆流动性好、输送方便的优点，又具有膏体充填强度高、井下不脱水、保护环境等优点。

似膏体充填模式的实质可以概述为：利用似膏体充填胶凝材料（全铝土胶凝料）作胶结剂，碎煤矸石、矿山尾砂或河沙等作骨料，骨料中配以15%~30%的细粒级物料（如粉煤灰、溢流尾砂等），制成质量浓度72%~78%，外观近似膏体一样的浆体，故称之为“似膏体”。采用重力自流或泵送的方式经管路输送至井下充填空区，充填料浆在井下不需脱水或微量脱水即可固结成充填体。

4.2.2 新型胶凝材料胶结充填技术

充填体强度的获得主要依赖于水泥的水化反应。传统充填材料中所用的胶凝材料一般为普通硅酸盐水泥，其费用占充填成本的60%~80%。为了降低成本，充填材料经历了从一开始的各种水泥到各种工业废料替代部分水泥，再到采用一些新型材料来完全替代水泥的过程。陆续出现了一系列的胶结充填材料，包括粉煤灰、高水速凝材料、赤泥、炉渣等，极大地促进了胶结充填工艺的发展。

4.2.2.1 高水固化胶结充填

高水材料和超高水材料也被称为高水速凝固化充填材料、高固水材料、高固水充填材料、铝基高固水材料。高水材料分为低倍水和高倍水的配比，2倍水以下的称为高水材料，2~8倍水称为超高水材料，两者的初凝时间不会有太大差异，中期和后期强度会随着水灰比的增高而降低。

高水固化充填的具体工艺为：用高水材料作固化剂，掺加尾砂作充填骨料，按一定的配比加水混合后形成充填料浆，根据工艺设备条件和现场技术的要求，充填料浆浓度可在30%~70%变化，充入采场后浆体可以不脱水便可凝结成固体。高水材料尾砂胶结充填工艺流程如图4-8所示。在实际应用中，高水固化材料可分为高铝、硫铝和铁铝等几种类型。该材料由主要成分（三种类型）外加一定比例的石灰、石膏、缓凝剂、速凝剂、悬浮剂等组成。在充填工艺上，高水固化材料由甲、乙两种材料混合而成，反应机理是当甲乙料混合后会在一定的时间内形成大量钙矾石，同时一些凝胶体充填在钙矾石的骨架中，形成固结体。高水材料的性能影响因素取决于钙矾石的生成量、钙矾石的形成速率及最终稳定性。钙钒石在水泥石中以局部反应形成时，其结晶压力可使水泥石或混凝土全部崩解，故称之为“水泥杆菌”。由此看出钙矾石晶体的能量，可以破坏水泥或混凝土的结构。高水材料由于含水多，有足够空间可供钙矾石生长，因此不存在因其生长而发生崩解的问题。

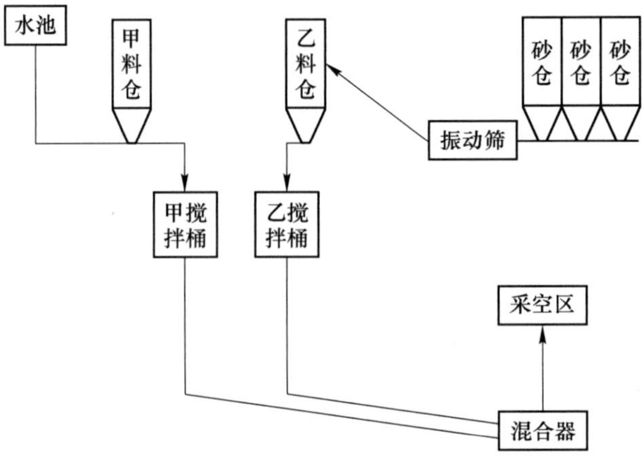

图 4-8 高水材料尾砂胶结充填工艺流程

与以往的充填工艺不同的是，高水速凝充填不是着重于提高充填料浆的质量浓度，而是利用高水材料具有较好固水能力的特点，实现较大范围浓度的胶结充填。该技术的优点是：高水固化材料可将较高比例水凝结起来，水体积接近 87%~90%，易于实现中低浓度料浆的水力输送；充填料浆凝固较快，早期强度较高，可以缩短充填和采场回采周期，提高采场生产效率。

但目前在实际应用过程中还受一些问题制约：(1) 充填料输送与混合工艺复杂，甲料和乙料的比例必须一致准确，改变该比例将会影响料浆固化；(2) 甲料和乙料必须通过两条独立管道输送，增加了投资成本；(3) 由于料浆中固体含量较低，如果需要较高的强度，则需要更多的胶凝材料，增加了回填料的成本；(4) 水化速度快，凝结时间过短，易造成输送管路和混合容器堵塞、充填体强度不均等结果；(5) 在干燥条件下充填体易失水粉化；(6) 由于其水化热大，导致其放热量大，反应温升高，对煤矿安全有隐患。因此高水充填的应用与发展受到制约。

超高水材料是高水材料的进一步发展，是水体积可达 95%~97%的一种高铝型充填材料。相比其他充填材料，在井下密闭、潮湿、低温的环境中，超高水材料具有明显优势，是一种理想的采空区充填材料。

超高水材料的主要原材料中，A 料由水泥熟料、复合缓凝剂和适量悬浮剂等混合而成。通过手段促成钙矾石的大量生成，保证水化体在水含量较多的情况下仍具有较好力学性能是研究超高水材料的出发点。根据表 4-1 和表 4-2 中我国常用水泥成分及矿物组成分析，具备生成较多钙矾石的水泥有硫铝酸盐水泥及铁铝酸盐水泥及铝酸盐水泥（在掺入

$CaSO_4$后），这几种水泥即为国内常选的超高水充填材料。水泥中的各种矿物需要在一定的合理比例范围内，才能保证其生成合适比例的钙矾石及水化凝胶，使材料具有良好的性能。

表 4-1　四种代表性水泥的化学组成　（%）

水泥名称	SiO_2	Al_2O_3	Fe_2O_3	CaO	SO_3
硫铝酸盐水泥	3~13	30~38	1~3	38~45	8~15
铁铝酸盐水泥	5~13	25~35	5~13	43~50	7~12
铝酸盐水泥	<10	50~58	<3	32~36	—
硅酸盐水泥	21~25	4~8	2~4	64~67	—

表 4-2　四种代表性水泥的矿物组成　（%）

水泥名称	矿物组成			
硫铝酸盐水泥	$3CaO \cdot 3Al_2O_3 \cdot CaSO_4$	$2CaO \cdot SiO_2$	$4CaO \cdot Al_2O_3 \cdot Fe_2O_3$	
	55~75	8~37	3~10	
铁铝酸盐水泥	$3CaO \cdot 3Al_2O_3 \cdot CaSO_4$	$2CaO \cdot SiO_2$	$6CaO \cdot Al_2O_3 \cdot 2Fe_2O_3$	
	33~63	14~37	15~35	
铝酸盐水泥	$CaO \cdot Al_2O_3$	$CaO \cdot 2Al_2O_3$	$2CaO \cdot Al_2O_3 \cdot SiO_2$	
	40~45	15~30	20~36	
硅酸盐水泥	$3CaO \cdot SiO_2$	$2CaO \cdot SiO_2$	$3CaO \cdot Al_2O_3$	$4CaO \cdot Al_2O_3 \cdot Fe_2O_3$
	42~60	15~35	5~14	10~16

B 料由石膏、石灰、悬浮剂、复合速凝剂等多种材料配制而成。辅料的科学配比保证了充填材料的高水、长时可泵、速凝三大特点的充分发挥。硫铝酸盐水泥熟料中的主要有效矿物在水化时，必须与足够的石膏、石灰反应才能生成大量的钙矾石，以形成充填体的强度和高水。为了使充填体能尽快凝结、固化，还必须加入一定量的速凝早强剂，也就是复合速凝剂。

超高水材料浆体具有良好的流动性，属漫流型流体。因此，一般情况下将超高水材料浆体充入采空区可采用地面打灌注孔或经管路直接输送两种方法。管路直接输送由于浆体流向的可控性好，是一种应用简单、灵活的方式，具体又分为两种：

（1）将超高水充填材料输送至采空区后，让其自然流淌漫溢。

（2）通过管路将其导引至预先安设于采空区的封闭空间或袋包内，使其成形固结。

根据井下实际条件，并结合现场充填工程实践，通过研究形成了适用于超高水材料采空区充填的工艺与方法，如图 4-9 所示，主要分为：

（1）袋式充填工艺：在采空区范围内全部布置充填袋，袋内充入超高水充填材料，凝固后对上覆岩层进行支撑。

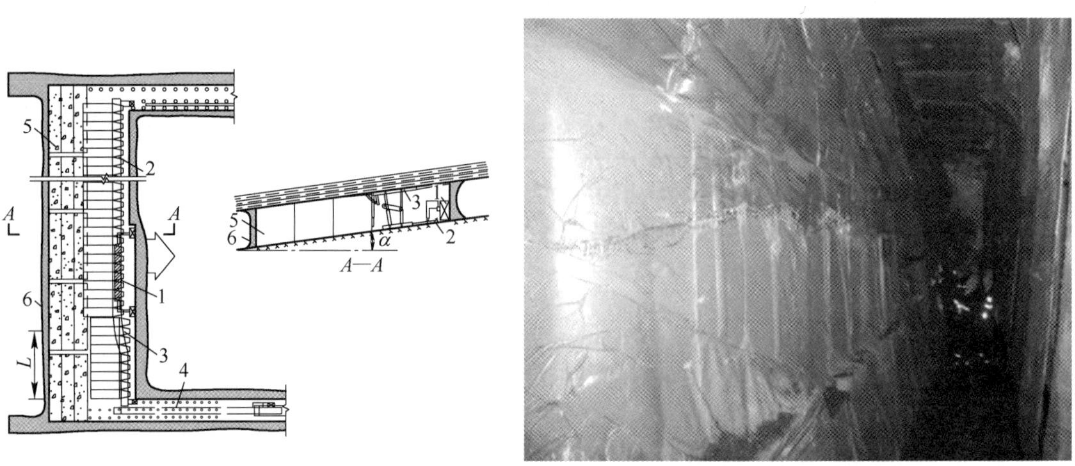
5
2
A
A
6
1
L
3
4
3
2
5
6
α
A—A

(a)

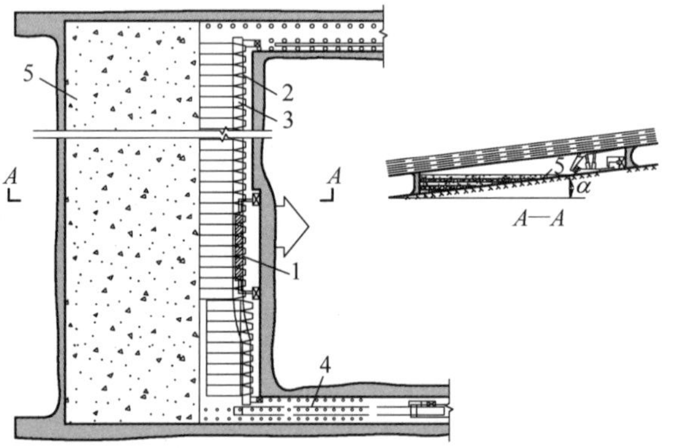
5
2
3
A
A
1
4
5
α
A—A

(b)

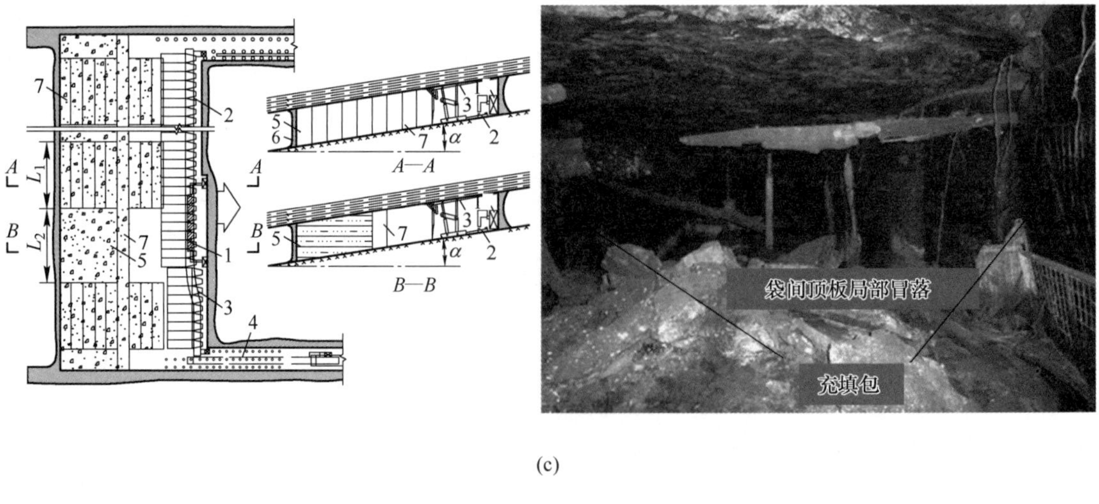
7
2
A
A
L_1
B
B
L_2
7
5
1
3
4
3
5
6
7
α
2
A—A
3
5
7
α
2
B—B
袋间顶板局部冒落
充填包

(c)

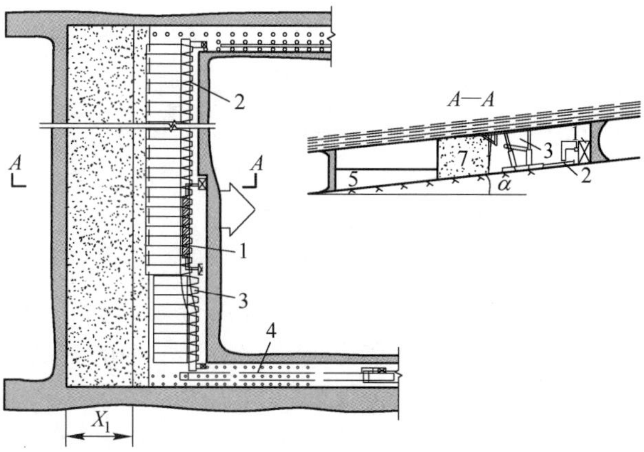

(d)

图 4-9 超高水材料充填工艺

（a）袋式充填工艺；（b）开放式充填工艺；（c）混合式充填开采工艺；（d）分段阻隔式充填工艺

1—采煤机；2—刮板输送机；3—液压支架；4—转载机；5，8—充填体；6—开切眼位置；7—袋式充填体

（2）开放式充填工艺：在仰斜开采条件下，对采空区不进行任何调控，超高水材料浆液直接灌入采空区并固结形成充填体。

（3）混合式充填开采工艺：将上述两种充填方法相互结合，根据实际情况选用。

（4）分段阻隔式充填工艺。

超高水材料充填采煤工艺系统示意图如图 4-10 所示。

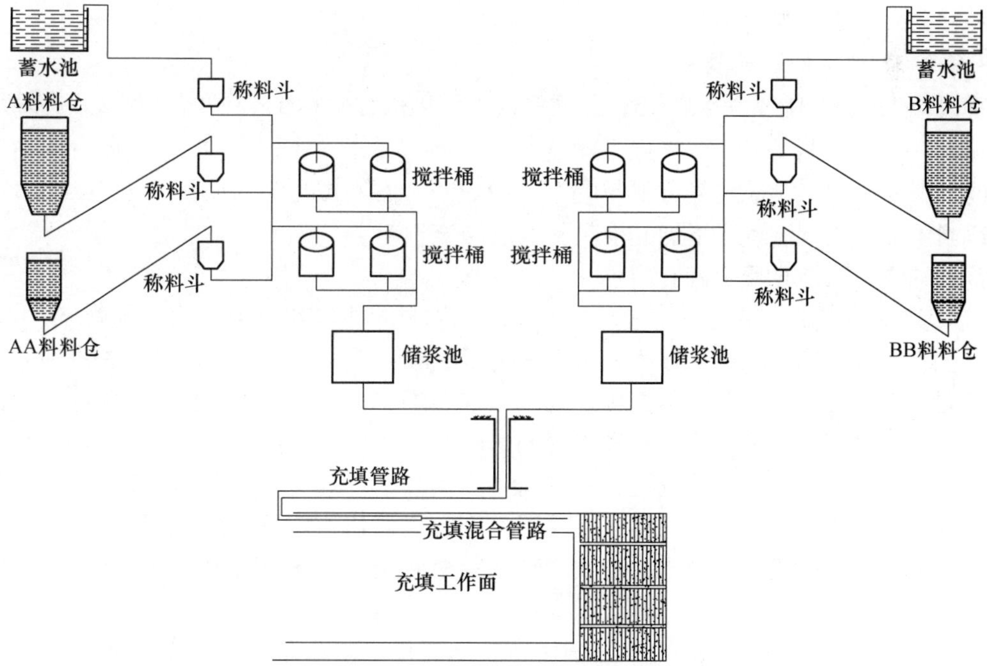

图 4-10 超高水材料充填采煤工艺系统示意图

4.2.2.2 粉煤灰胶结充填

粉煤灰用于矿山充填始于20世纪20年代，首先是把粉煤灰单独作为充填料用于充填煤矿采空区，以预防或隔离井下火灾。后来发展为用粉煤灰和石子混合来浇注采空区，这种充填体不仅具有一定的强度，而且隔水和隔声效果都很好。

随着时间的推移，人们在对粉煤灰性能进一步研究过程中逐渐认识到：粉煤灰在碱性激发剂的作用下，在充填体中充当着"微集料"的效应，在行为上表现为"低标号水泥"，共同优化充填体结构。因此，在砂浆中掺入粉煤灰代替部分水泥或细骨料，能增强充填体后期强度，充填成本也普遍下降，而且能提高砂浆的和易性，减轻颗粒离析现象，减少充填料的收缩和开裂，同时能降低水化热，改善充填料的耐高温性能。

粉煤灰基胶结材料是利用矿区内的粉煤灰、矸石等一些废弃物品，加入矿区矿井水，再添加一些专业活化剂，经过充分反应后，加入按比例配好的缓凝剂和速凝剂，然后制出材料。与一般水硬性胶凝材料充填相比，该材料具有以下特点：

（1）具有很好的流动性能，制成后经过1.5 h后就可以自流输送。

（2）具有一定的膨胀性能。

（3）具有很好的稳定性能，原材料中大量粉煤灰经过兑水后不断产生反应，水化产物增多，材料内部会更加密实，结构更加稳定。

（4）具有很好的抗压性，在材料停止凝固后，这种充填材料在8 h后单轴抗压强度会达到0.85~1.2 MPa，1 d内上升到1.6~3.45 MPa，3 d后可达2.1~4.2 MPa，经过1个月其强度达到7 MPa。

粉煤灰基胶结材料可以有效地解放高难度开采地区的煤炭资源，其充填体迅速凝固和高强的特点可以有效阻止地表下陷，该项技术在整个操作环节使用的操作人员很少，经济效益和社会效益十分显著。

4.2.2.3 赤泥胶结充填

赤泥是生产 Al_2O_3 排弃的废渣。每生产1 t氧化铝，生产1.5~1.8 t赤泥。烧结法得到的赤泥含量（质量分数）75%以上的组分与硅酸盐水泥相同，具有潜在水硬活性和胶凝性能，因而可用来制成胶凝材料与废石、粉煤灰、石灰或尾砂等集料组成胶结充填料，也可适当添加激化剂制备成不加其他集料的胶结充填料。

常见的赤泥胶结充填工艺有两种。

（1）赤泥粉煤灰胶结充填工艺。该工艺的充填材料主要组分有赤泥、粉煤灰、石灰，另有少量添加剂。选用粉煤灰作为充填料是为了吸收赤泥浆中多余的水分，提高料浆的浓度。赤泥粉煤灰与石灰浆混合后能快速凝固，1 h内可初凝，充填体整体性良好。赤泥粉煤灰充填料的输送工艺有双管输送和单管输送两种方式。单管输送方式与全尾砂胶结充填料的输送工艺基本相同。双管输送方式则由主、副输送管组成。主管道用于输送赤泥粉煤灰浆，副管道用于输送石灰浆。料浆在井下主副管道的出口附近经气流混合器进行混合，最终进入采空区，形成不须脱水的膏状物料，凝固后成为较高强度的充填体。赤泥胶结充填工艺流程如图4-11所示。

（2）赤泥全尾砂胶结充填。赤泥全尾砂胶结充填的实质是以赤泥作为胶结材料的全尾砂胶结充填工艺。以赤泥胶凝料替代水泥后，赤泥胶凝料的凝结硬化速度比水泥浆要快，赤泥全尾砂胶结充填料浆的工作性态比水泥全尾砂充填料优良，能在低泵压或自流条

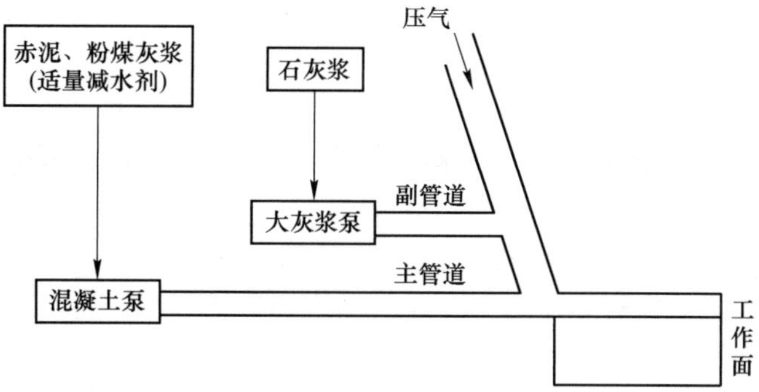

图 4-11 赤泥胶结充填工艺流程

件下顺利地通过充填钻孔及井下输送管道输送至采空区，具有良好的流动性和流平性，不脱水，少量泌水可通过充填体渗出或通过矿岩裂隙渗出。

4.2.2.4 *矿渣胶结充填*

矿渣是金属冶炼过程中排放的工业废渣，其化学组成与硅酸盐水泥熟料十分接近，有着较好的潜在活性，经过一定条件激发后能发挥出来，成为性能较好的胶结材料。目前，矿渣胶结充填材料的构成上主要有矿渣胶凝材料、水和尾砂。其中矿渣胶凝材料的组成包括矿渣、水泥熟料、石膏和石灰石，同时还有活性激发剂。矿渣活性的激发常用的方法有机械激发、热激发、化学激发和复合激发等方法。根据 Zachariasen 提出的网络结构理论，矿渣是由玻璃相和结晶相组成的多相网状结构，如何解聚玻璃相中 Si—O 和 Al—O 是激发矿渣活性的关键，矿渣玻璃相结构模型如图 4-12 所示。

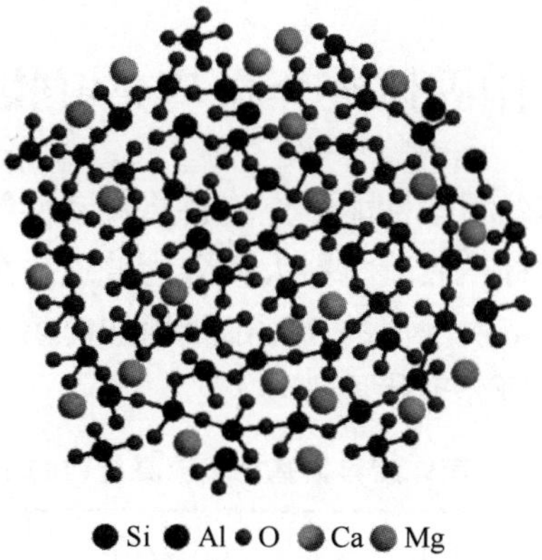

图 4-12 矿渣玻璃相结构示意图

查看彩图

玻璃态的矿渣主要化学成分为 CaO、SiO_2、Al_2O_3、MgO 和 Fe_2O_3 等氧化物，还常常含有一些硫化物如 CaS、MnS 和 FeS 等，有时还含有 TiO_2、P_2O_2 等杂质氧化物。不同类型矿渣的化学成分含量波动见表 4-3。根据扫描电镜和 X 衍射研究，矿渣胶结材料的水化产物钙矾石、C—S—H 凝胶、钙硅石形成速度快，产生量大。

表 4-3 高炉矿渣化学成分波动范围

成分	SiO_2	CaO	Al_2O_3	Fe_2O_3	MgO	MnO	S
质量分数/%	26~42	30~50	7~20	0.2~1	1~18	0.1~1	1~2

CaO 和 Al_2O_3 是影响矿渣活性的主要化学成分。矿渣中 CaO 和 Al_2O_3 含量都较大时，活性也越大，但 CaO 含量（质量分数）超过 51%时，矿渣的活性反而降低。一般来说，SiO_2 在矿渣中属于惰性成分，含量较高时，矿渣的活性较差。而硫化物在矿渣中常以 CaS 形式出现，一般按照式（4-1）水解，水解产物中 $Ca(OH)_2$ 对矿渣的活性有激发作用：

$$2CaS + 2H_2O \longrightarrow Ca(OH)_2 + Ca(SH)_2 \tag{4-1}$$

矿渣中除上述主要成分外，还可能含有少量的 TiO、BaO、KO、NazO、CrO_3、VzOs 等。这种氧化物对矿渣活性的作用与其存在的形式和含量有关，同时这些氧化物之间还可能相互作用和影响。

一般可将矿渣的主要化学组成类别，按照碱性系数或质量系数分为碱性或酸性。矿渣的碱性系数和质量系数通常根据其氧化物的比例来计算：

$$\text{碱性系数}\ M_0 = \frac{w(CaO)\% + w(MgO)}{w(SiO_2) + w(Al_2O_3)} \tag{4-2}$$

式中，$M_0>1$ 时，表示碱性氧化物多于酸性氧化物，为碱性矿渣；$M_0=1$ 时，为中性矿渣；$M_0<1$ 时，为酸性矿渣。

根据我国国家标准《用于水泥中的粒化高炉矿渣》（GB/T 203—2008）定义，矿渣质量系数计算公式为：

$$\text{质量系数}\ K = \frac{w(CaO) + w(MgO) + w(Al_2O_3)}{w(SiO_2) + w(MnO_3) + w(TiO_3)} \geqslant 1.2 \tag{4-3}$$

矿渣的质量好坏经常用质量系数 K 的大小来衡量，一般来讲，K 值越大，矿渣质量越好，国家标准要求矿渣的质量系数 K 不应小于 1.2。

4.3 矿山固体废弃物基充填胶凝材料

胶凝材料不仅影响充填体的力学性能、充填料浆流动性能，还直接控制充填成本。回顾胶结充填采矿技术的发展历程，胶凝材料大致分为普通硅酸盐水泥材料、高水材料、碱激发胶凝材料三种体系。为了解决水泥的高添加量增加充填成本这一难题，矿渣基多固体废弃物胶凝材料受到关注，其研究现状见表 4-4。

表 4-4 矿山固体废弃物基充填胶凝材料的研究现状

矿山固体废弃物基胶凝材料	主要污染来源	应用方式	固化机理	研究现状
铅锌矿渣基胶凝材料	铅、锌、铜等污染	胶凝材料原料、地聚合物、碱活化胶凝材料	物理包封与化学固定、锌离子氧化物或进入钠长石中	铅锌矿开发较早，基础性质研究较为成熟，深入研究机理有助于铅锌矿渣的应用发展
高炉矿渣基胶凝材料	锰、镉、砷等污染	混凝土掺合料、水泥替代品	C-S-H 凝胶包封	对高炉矿渣的应用研究技术较为落后，对高炉矿渣基胶凝材料的固化机理研究也较为缺乏
含铬矿渣基胶凝材料	铬、铬酸根等污染	胶凝材料原料	铬与钙矾石水合相键合、C-S-H 凝胶包封、价态控制	铬的性质较为复杂，多方面探究其固化机理有助于含铬矿渣的广泛应用

续表 4-4

矿山固体废弃物基胶凝材料	主要污染来源	应用方式	固化机理	研究现状
金属矿尾矿制备的相关材料	锰、铅、铜等污染	骨料、水泥替代品	物理包封	对尾矿及其所制备材料的环境行为研究较少，对有害元素的固定化机理研究较为缺乏
非金属矿尾矿基胶凝材料	砷、磷、氟等污染	胶凝材料原料、水泥替代品	C-S-H 凝胶包封与化学沉淀	非金属废弃物成分、结构相对复杂，因此相较于金属矿尾矿研究较少
煤矸石基胶凝材料	磷等污染	碱激发制备的聚合物	—	煤矸石现多用于土地复垦方面，在充填胶凝材料方面的研究缺乏
其他固体废弃物基胶凝材料	铅、铬等污染	胶凝材料原料	—	垃圾焚烧飞灰等固体废弃物的研究多集中于其有害元素固定方面，缺乏对其固化机理的研究

4.3.1 铅锌矿渣胶凝材料

铅锌冶炼渣是一种在经过高温熔融状态下遇水骤冷后生成的铅锌冶炼废渣，物理形态呈玻璃态，其生产方式与高炉矿渣类似。铅锌冶炼渣中碱性氧化物相比其他冶金废渣较低，且其内部铁元素含量较高，跟水泥矿粉类似。铅锌冶炼渣一般都含有大量具有潜在胶凝活性的玻璃体，但作为水泥混合材的活性不高，需要进一步改性激发。目前国内外主要采用先物理活化后化学激发的方式激发炼铅炉渣的胶凝活性。通过物理机械作用，将其粒度磨细，从而增加冶炼渣的比表面积。机械活化过程会促使冶炼渣玻璃体解聚，使其结构均化，极性分子或离子更容易进入内部空穴中，从而促使矿渣的分解和溶解。而后在冶炼渣中添加一种或多种化学激发剂，通过化学方式使其内部结构解聚、缩聚。铅锌矿渣在硅酸钠的胶结作用及 NaOH 的碱活化作用下能形成一种新的胶凝材料，碱活化后的胶凝材料对铅、锌、铜和铬的固定率均高达 90%以上。

广东某铅锌矿冶炼渣主要矿物组成为乌拉硼石、镁黄长石、铝钙硅和铝铁，对应的化学组成为 $CaB_2O_4 \cdot 2H_2O$、Ca_2MgSiO_7、$CaAl_2Si_{1.5}$、$Al_{3.2}Fe$。通过机械活化试验研究，确定铅锌冶炼渣研磨时间为 70 min。通过化学活化试验研究，确定基于铅锌冶炼渣开发的胶凝材料（BGRIMM）组成为冶炼渣、水泥熟料、硅酸钠和石膏。图 4-13 显示，BGRIMM 型胶凝材料的性能最优，其不同配比、不同养护龄期的充填体强度均优于目前矿山使用的 P. O42. 5 水泥。

4.3.2 高炉矿渣胶凝材料

当前高炉矿渣主要以掺合料形式被应用于混凝土产品中。作为胶凝材料原料使用的主要是高炉水淬渣，由高炉炼铁过程中铁矿石中的 SiO_2 和 Al_2O_3 等杂质与石灰等熔剂化合而成。虽然国内各个地区的水淬渣的组成略有不同，但组成中一般都有 SiO_2、Al_2O_3、CaO、MgO 和 Fe_2O_3 等。高性能水淬渣胶凝材料主要以粒化高炉矿渣为原料，外加复合剂，经粉磨而形成一种胶凝材料，形态与普通水泥类似，呈粉末状。

在矿山充填中使用的以高炉矿渣为主的充填胶凝材料，在原料组成上类似于石膏矿渣

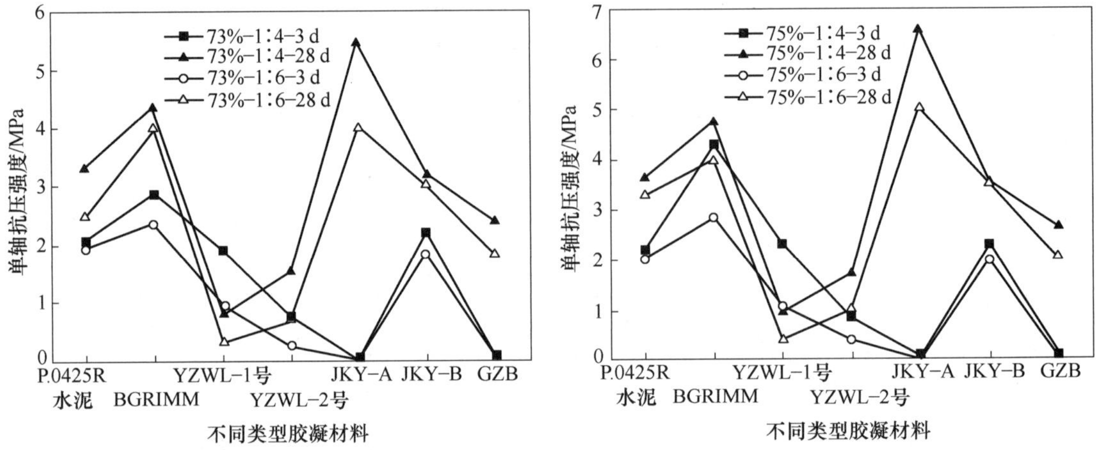

图 4-13　不同凝胶材料、配比浓度、灰砂比、养护龄期的充填体强度

（BGRIMM 型为基于铅锌冶炼渣自主研发的胶凝材料，其他型凝胶材料为其他厂家生产）

水泥，主要包括粒化高炉矿渣、水泥熟料、石灰和硫酸钙等。以该胶凝材料来代替水泥固结尾砂进行胶结充填，胶凝机理是由其材料组成和配比所决定的。在实际应用中会让矿渣胶凝材料水化反应更加完全，从而得到比水泥胶结充填体强度更高的充填体。图 4-14 和表 4-5 为矿渣胶结材料和水泥的强度对比结果。

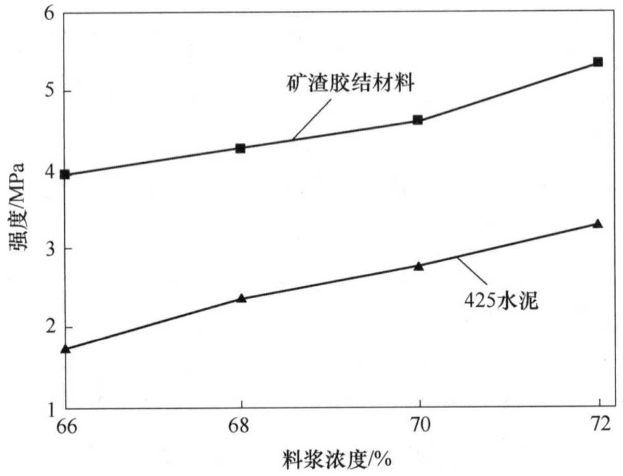

图 4-14　矿渣胶结材料与水泥对比结果

表 4-5　不同胶结材料对比

材料名称	标准稠度用水量/mL	凝固时间/min		标准抗压强度/MPa		标准抗折强度/MPa		安定性
		初凝	终凝	3 d	28 d	3 d	28 d	
425 水泥国标	136	≥45	≤600	≥17	≥42.5	≥3.5	≥6.5	
矿渣胶结材料		325	413	40.41	60.23	7.6	9.1	合格
普通硅酸盐水泥		240	315	36.9	57.6	5.4	8.9	合格

矿渣胶凝材料因其组成原料的不同，在其水化后，除了其中的水泥熟料能够进行固结以外，矿渣本身及石膏的火山灰，还有添加的外加剂也会发挥一定的效应。图 4-15 和图 4-16 为部分因素对矿渣胶凝材料胶结体强度的影响。

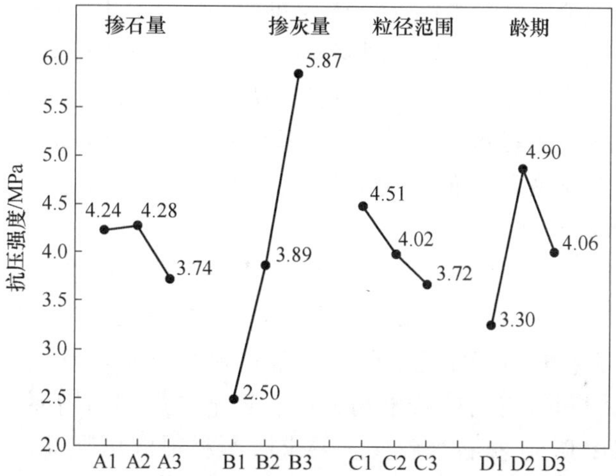

图 4-15 掺石量、掺灰量、粒径范围和龄期对矿渣胶凝材料胶结体强度的影响

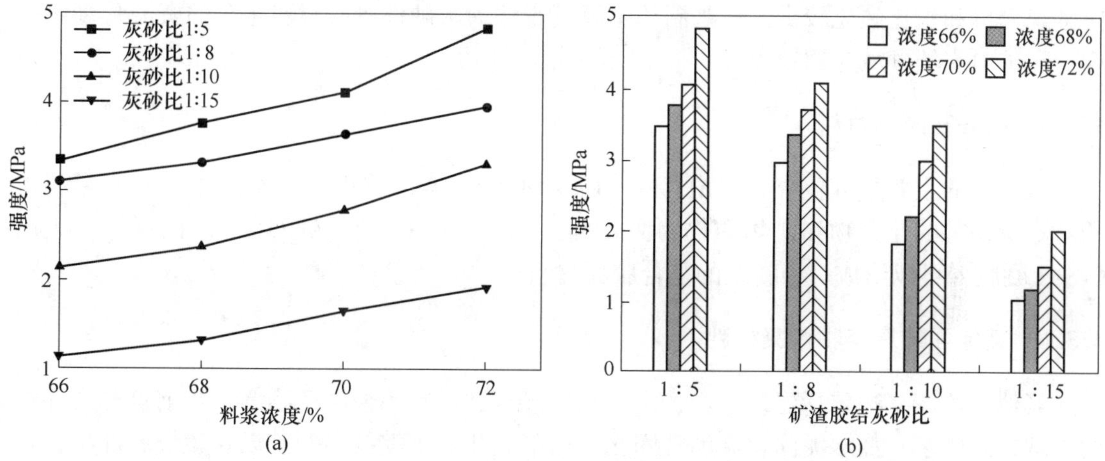

图 4-16 矿渣胶结材料与强度关系曲线

（a）矿渣胶结材料浓度与强度关系；（b）矿渣胶结灰砂比与强度关系

4.3.3 金属矿尾矿胶凝材料

尾矿是选矿过程中产生的含有用成分较少而无法利用的部分。现阶段，尾矿多以骨料的形式存在于充填胶凝材料中。金属矿渣用作充填材料的前提是尾矿重金属的有效固化稳定化。此外，尾矿中某些成分可以改善水泥生料的易烧性，可作为水泥原料的部分替代品。目前，新型重金属固化胶凝材料制备工艺复杂、成本高、固化效果有待优化，还未得到规模化发展。

4.3.4 非金属矿山固体废弃物胶凝材料

相比于金属矿山固体废弃物，非金属矿山固体废弃物具有一定的胶凝活性，因而更适合作为水泥替代品。但非金属废弃物成分复杂，部分杂质可能会影响胶凝材料的水化反应，产生强度低、凝结时间过长等问题。

4.3.4.1 磷石膏胶凝材料

磷矿开发的副产物不仅有磷尾矿，还有大量的磷石膏，其主要组分为 $CaSO_4 \cdot 2H_2O$，因此具有一定的胶结性能。磷石膏充填材料是由磷石膏替代水泥作为胶凝材料，磷矿的浮选尾矿或其他固体废弃物作为填料，进行胶结制备而成。磷石膏充填材料主要有水泥基磷石膏充填材料（水泥为胶凝材料，磷石膏为充填骨料）、磷石膏基复合充填材料（磷石膏为胶凝材料）和新型半水磷石膏充填材料。

4.3.4.2 氟石膏胶凝材料

氟石膏是氢氟酸生产的副产物，主要成分为Ⅱ型无水硫酸钙（$CaSO_4$Ⅱ），含有少量的 CaF_2，氟石膏废料堆存对于水系和环境影响巨大，但其具有潜在胶凝性能，可用于配置胶凝材料。近年来，将氟石膏作为水硬性胶凝材料的研究多为采用 0.22~0.41 的低水胶比，添加高掺量水泥和掺用高效减水剂方面。氟石膏最高利用率只有 44%，且强度不高，和工程实际多采用 0.50 左右水胶比、要求胶凝材料湿压强度达到 32.5 水泥等级中 32.5 MPa 相差较远，同时胶凝材料浸出液体中氟离子质量浓度和 pH 值变化研究不多，相应微观分析和水化硬化较少，这些制约了氟石膏作为水硬性胶凝材料组分的资源化利用程度，在矿山充填领域应用较少。

4.3.5 煤矸石胶凝材料

煤矸石的主要成分包含 Si、Al、Fe、Ca 和 P 等元素。将煤矸石磨细成粉，然后利用相对廉价易得的化合物和矿物质作为激发剂，激发煤矸石中的 Al_2O_3-SiO_2 的活性，生成 C-S-H 凝胶，可以形成一种新型的复合胶凝材料。

4.3.6 其他固体废弃物胶凝材料

其他固体废弃物包括建筑垃圾、垃圾焚烧飞灰和燃料燃烧副产物等。当前这些废弃物的处理方式较多，如水泥固化、沥青固化、药剂固化和沉淀技术等。以煤燃烧副产物、水泥和烟气脱硫石膏等工业废弃物制备的硅铝基胶凝材料具有优良的重金属元素固化能力。用 2 种垃圾焚烧飞灰、碱性激发剂和粒化高炉矿渣等物质制备胶凝材料也能显著降低原材料中铅、铬等重金属的浸出量。

固体废弃物型充填胶凝材料具有优良的有害元素固化能力，不仅能充填矿山采空区，而且能解决矿区固体废弃物堆积产生的污染问题。现今，在充填胶凝材料方面的研究主要在 3 个方面：（1）尾矿、冶炼渣及胶凝材料中重金属等污染物的溶出规律和溶出机理；（2）固体废弃物型充填胶凝材料对重金属等污染物的固定化能力；（3）材料成分、结构、反应机理、产物与有害元素固化的关系、有害元素对材料微观结构的改变等问题。

习 题

4-1 矿山充填技术发展需要解决的关键问题有哪些？

4-2　充填材料的选择原则是什么？

4-3　阐述矿山固体废弃物填的意义和发展方向。

4-4　列举矿山固体废弃物填的典型案例。

4-5　矿山固体废弃物填材料的优缺点分别是什么？

5 矿山固体废弃物建材化利用

建筑工业在国民经济中扮演着重要角色，是一种节约潜力巨大的工业。近年来，采用固体废弃物制备建材引起广泛关注。矿山固体废弃物建材化利用是指将矿山废弃物转化为可再利用的建材产品的过程。具体来说，通过对选矿尾矿、选煤矸石、粉煤灰等矿山废弃物进行物理、化学或热处理，可以生产出各类建材产品，如混凝土、砖块、砂浆、路面材料等。矿山固体废弃物建材化利用有利于减少资源消耗、降低环境污染，并节约能源。

5.1 矿山固体废弃物在加气混凝土生产中的应用

加气混凝土砌块是以硅质材料（如石英砂、粉煤灰、高炉矿渣、铁尾矿等）和钙质材料（如水泥、石灰等）为原材料，加入适量的发气剂，经磨细配料、混合搅拌、浇注发泡、配体静停、切割和压蒸养护等工序加工制成，是一种轻质多孔、保温隔热、防火性能良好、可钉、可锯、可刨和具有一定抗震能力的新型建筑材料。

加气混凝土根据硅质材料可分为水泥-砂蒸压加气混凝土、石灰-砂蒸压加气混凝土、石灰-粉煤灰加气混凝土及石灰-凝灰岩蒸压加气混凝土，根据加气混凝土砌块成品用途的不同可分为保温块、非承重砌块、承重砌块、墙板及屋面板。

5.1.1 加气混凝土的生产工艺

加气混凝土生产过程主要由原材料的备料、配料、浇注、静停养护、切割、蒸压养护、出釜等七大工序组成。利用尾矿生产加气混凝土的工艺流程如图 5-1 所示。

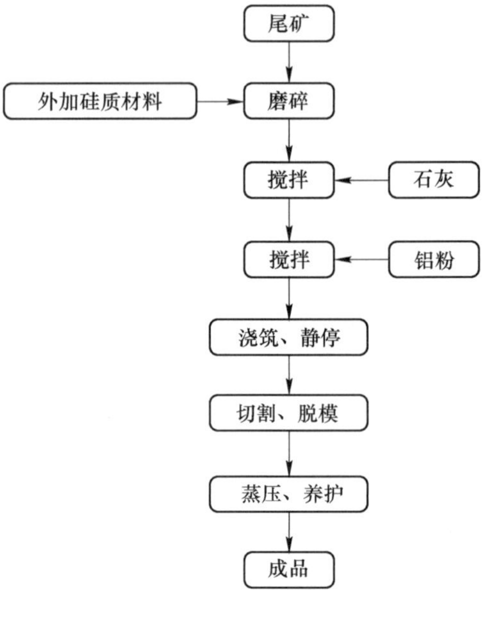

图 5-1 尾矿生产加气混凝土的工艺流程

5.1.1.1 备料工序

备料工序的目的是使原材料变成符合工艺要求的物料，它不仅为配料浇注提供方便和可能，而且使各种原辅材料能够充分发挥其物理化学功能，是直接影响整个生产过程能否顺利进行、产品质量能否达到要求的首个工艺环节。

生产加气混凝土所用原材料首先由各种车辆运进厂，贮存于仓库或料场内，然后将硅质材料磨细，根据原材料要求及工艺特点，既可干磨成粉，然后加水搅拌制成浆，也可直接输入球磨机加水湿磨制浆，还可与一部分石灰、磷石膏等混磨。石灰破碎、磨细后储存于粉石灰仓中。水泥直接由水泥罐车拖来后打入水泥仓中。铝粉贮存于阴凉干燥的库房里。原材料的储备主要是为保证生产的连续性和原材料的稳定性，实现不同来源、不同质量的原材料的合理配比，以期达到工艺要求，生产出合格的产品。

5.1.1.2 配料工序

配料工序是把已经制备好、贮存待用的各种原料，按一定的要求进行计量，并暂存于各配套容器内，然后按生产工艺要求的顺序，依次向搅拌设备进行加料，以便进行浇注作业。配料工序是加气混凝土生产工艺中的一个关键环节，它关系到配料是否合理，对发气过程、硬化过程和制品的最终性能都有直接影响。

5.1.1.3 浇注工序

浇注工序是把配料工序经计量后暂存的各物料按工艺顺序投入到浇注车中，经浇注机搅拌后，制成达到规定的时间、温度、稠度要求的混合料浆，然后浇注到模具中。各种物料投入到浇注车中后，通过浇注搅拌机不停搅拌，使各物料充分混合并发生一系列的初步化学反应。浇注工序是加气混凝土能否形成良好气孔结构的重要工序，它与配料工序一起构成加气混凝土生产工艺的核心环节。

5.1.1.4 静停养护工序

静停养护工序主要是促使浇注完成后的混合料浆继续发气膨胀稠化，在模具内长高硬化，使加气混凝土坯体达到一定的切割强度，方便切割加工。加气混凝土坯体硬化主要依靠加气混凝土坯体内部具有水化能力的材料所发生的化学反应放出的热量来推动，但外部环境温度也不可忽视。静停养护工序一般没有太多操作，大多数的生产厂家十分重视环境温度的影响，设有环境温度调节设施。

5.1.1.5 切割工序

切割工序是对加气混凝土胚体进行分割和外观加工，使之达到加气混凝土产品外观尺寸的要求。切割工艺体现了加气混凝土大规模机械化生产的特点，通过使用专用的切割机切割，加气混凝土产品外观尺寸可做到灵活多样，从而满足使用者的各种需要。切割机的工作状况不仅决定了加气混凝土制品的外观质量和某些内在质量，而且直接影响整个生产线的生产效率。

5.1.1.6 蒸压养护工序

蒸压养护工序是对加气混凝土坯体进行高压蒸汽养护的过程。胚体必须要在适当的温度和压力下经历足够的时间才能完成一系列物理化学变化，从而产生应有的强度。蒸压养护比较适宜的温度是 175 ℃以上，在这种高温、高湿、密闭的环境条件下，加气混凝土坯体内部会进行充分的水化反应，生成所需要的托勃莫来石等水合物，形成所需要的抗压强度。蒸养操作处理要规范适当，不然会发生一些问题，严重时会出现较多废品，影响产品的成品率。

5.1.1.7 出釜工序

出釜工序包括加气混凝土制品的出釜、吊运、检验、包装等。出釜工序是向市场提供合格产品及下一个生产循环正常进行的保证。

如果生产加气混凝土板材，则还必须增加：钢筋加工处理和钢筋网组装工序。钢筋加工处理是生产加气混凝土板材的特有工序，包括钢筋的除锈、调直、切断、焊接、涂料制备、涂料浸渍和烘干。钢筋网组装工序是把经过防腐处理的钢筋网，按工艺要求的尺寸规格和相对位置组合后装入模具中，并使其固定，以便浇注和料浆发气的形成。

5.1.2 利用矿山固体废弃物生产加气混凝土的实例

加气混凝土生产过程中，铝粉在料浆中发气并在硬化过程中固定而形成气孔结构，CaO 与 SiO_2 在水热条件下反应生成水化硅酸钙（主要为 CSH（I）凝胶、水石榴子石和托勃莫来石），并与尚未反应的材料颗粒结合在一起，构成混凝土的整体强度。通常，CaO 由石灰、水泥等提供，SiO_2 则由硅质原料提供。因此利用粉煤灰、石英尾砂和尾矿渣等富硅矿山固体废弃物制备加气混凝土是可行的。

（1）利用粉煤灰生产加气混凝土。利用粉煤灰生产加气混凝土已形成了较为成熟的制备技术。一般而言，SiO_2 含量（质量分数）不小于 40%，粒度在 180 目（80 μm 方孔筛筛余不大于 25%）左右的粉煤灰可用于生产加气混凝土制品。目前，大量生产和应用的粉煤灰加气混凝土主要为 B05-B07 级制品，其干容重较大，抗压强度较低，导热系数较高，且存在抗冻融性较差、碳化能力低、砌墙易开裂等问题。

（2）利用石英尾砂生产加气混凝土。石英尾砂是玻璃生产过程中经粉碎筛选后产生的废弃物，主要为结晶质石英，SiO_2 含量（质量分数）达 90%以上，经处理后可作为加气混凝土的硅质原料，既拓宽了制备加气混凝土的原料选择范围，又可解决其造成的污染问题。

（3）利用尾矿生产加气混凝土。随着社会对矿产资源的不断开发利用，尾矿排放量逐年增加，大量的含硅尾矿堆积如山，如铁尾矿、黄金尾矿、磷尾矿、铜尾矿、钨尾矿、铅锌尾矿等。利用富硅尾矿制备新型建筑材料，成为大量消纳尾矿的可行之路。

永丰县天宝矿业有限公司投资 4500 万元建成了一条年产 30 万立方米加气混凝土砌块生产线，以选矿厂产生的尾砂和废水为原料，实现了尾矿综合利用，达到无尾排放的目标，不仅缓解了企业尾砂排放的困境，消除了（尾矿库）安全风险，减少了水土流失，每年还能增加近 6000 万元的工业产值。

宁化县鑫丰新型建材有限公司利用行洛坑钨矿的尾矿砂生产蒸压加气混凝土砌块（板材），年产量可达 30 万立方米，每年能消耗钨矿尾矿砂 40 多万吨，生产出的新型环保建材具有质轻、保温、抗震等多个优点，对环境保护及发展循环经济具有十分积极的意义。

山西代县明利矿业有限公司以选铁尾矿砂为主要原料，生产加气混凝土砌块，年消化尾矿废砂 120 万立方米，生产尾砂加气混凝土砌块 30 万立方米，产值上亿元，实现利税 3000 多万元，社会效益和经济效益都十分显著。

5.2 矿山固体废弃物在水泥生产中的应用

水泥是一种由石灰石、黏土和其他辅助材料经过混合、烧成和细磨加工而成的建筑材料。其主要活性成分为硅酸盐和铝酸盐，其中硅酸盐为主要组分，具有良好的可塑性和耐久性，能够在水中反应并逐渐凝结硬化，形成坚固的结构体。根据制备原料和用途的不同，水泥可分为：

（1）普通硅酸盐水泥：以含有石灰、硅质等主要成分的天然矿物或人工混合料为原料烧制而成，主要用于普通建筑、道路、桥梁等工程。

（2）矿渣水泥：以冶金炉渣等工业废弃物与石灰石、石膏等为原料烧制而成，具有高强度、高耐久性、良好的耐化学侵蚀性能，适用于需要高强度水泥的工程。

（3）炉渣水泥：由钢铁冶炼炉渣为主要原料烧制而成，具有高强度、高耐久性、抗裂性好等特点，适用于大坝、隧道及重要结构等工程。

（4）轻质骨料水泥：添加轻质骨料，降低密度，提高保温隔热性能，用于制造轻体建筑、吊顶、楼板等。

（5）耐磨水泥：以高硅石、白云岩和钢渣等为原料，加入适量膨胀剂和钢丝绒等添加剂，具有很高的耐磨性能，适用于制造水泥地面、铺设道路、停车场等。

（6）快硬水泥：通过控制水泥中熟料的成分、烧结工艺等方式制得的一种快速凝结的水泥，主要用于低温环境下的建筑、防水工程、固化地基等。

除此之外，还有其他类型的水泥，如高铝酸盐水泥、聚合物水泥、复合水泥等。

5.2.1 矿山固体废弃物在水泥生产中的用途

矿山固体废弃物可以作为水泥生产的原料之一，通常被称为矿渣。将矿渣与其他原材料混合后，经过高温煅烧、粉碎等工艺处理，可以制成高强度、高耐久性的水泥。矿山固体废弃物在水泥生产中主要有三种用途：

（1）添加剂：矿山固体废弃物可以作为水泥生产中的掺合料或添加剂。根据固体废弃物的特性和含量，可以将其加入到生料中，与其他原料进行充分混合。这样可以改善水泥熟料的物理性能、化学成分及熟料烧结过程的特性。矿山固体废弃物的添加可以提高水泥的力学性能、减少熟料中的 CO_2 排放，并且对于一些有害物质的稳定化处理也具有积极效果。

（2）磨合剂：矿山固体废弃物中的某些成分可以粉磨后作为水泥磨合剂使用。如高炉矿渣、飞灰等可以通过适当的处理方式制得微粉矿山固体废弃物。这种微粉矿山固体废弃物在水泥生产中可以替代部分水泥熟料，有效提高水泥的强度和耐久性。

（3）用于水泥脱硫：矿山固体废弃物中一些含硅、含镁成分有利于水泥脱硫。该技术主要是通过反应生成的氧化钙与废气中的二氧化硫进行反应，形成硫酸钙沉淀，从而达到脱硫的效果。这种方法可以高效地减少燃煤电厂等大气污染源的二氧化硫排放，同时在水泥生产过程中实现了矿山固体废弃物的循环利用。

在生产过程中，生产者除了要根据固体废弃物在水泥生产中的主要用途去生产水泥外，还需注意固体废弃物的混合比例、烧结时间和温度。

矿山固体废弃物的混合比例可以根据具体的水泥生产要求和矿山固体废弃物的特性进行确定。矿山固体废弃物作为掺合料或添加剂使用时，掺入量通常为 10%~30%，具体比例会根据固体废弃物的成分、活性和处理方式等因素进行调整。

烧结温度是指水泥生产中熟料的烧成温度。矿山固体废弃物的添加会影响烧结温度的选择，因为矿山固体废弃物中的某些成分具有助燃性，可以促进熟料的烧结反应，掺入矿山固体废弃物后，烧结温度可以适当调低。然而，过低的烧结温度可能会影响水泥产品的强度和质量，同时也会影响熟料中有害物质的稳定化处理效果。因此，在确定烧结温度时需要综合考虑水泥品质、固体废弃物特性和经济效益等因素。

烧结时间是指熟料在高温下加热进行烧结的时间。矿山固体废弃物的添加通常会对烧结时间产生影响。适当延长烧结时间可以增加矿山固体废弃物的利用效果，提高水泥品质。然而，过长的烧结时间会增加生产周期和能耗，同时也可能导致熟料中部分成分的损失。因此，在确定烧结时间时需要平衡水泥品质、生产效率和能源消耗等因素。

需要注意的是，矿山固体废弃物在水泥生产中的应用技术和方法需要经过实验验证和工艺优化，确保达到预期的环保效益和水泥品质要求。同时，还需要遵守相关的法律法规和标准，确保矿山固体废弃物的使用和处理符合环境保护要求。

5.2.2 矿山固体废弃物在水泥生产中的实际应用

矿山固体废弃物是矿山开采和加工过程中产生的废弃物，这些固体废弃物中含有丰富的矿物质资源，具有一定的再利用价值。在水泥生产过程中，可以利用矿山固体废弃物作为原料或加入其中，代替传统的原材料，减少对自然资源的开采压力，实现资源的循环利用和环境的可持续发展。

（1）利用选矿尾矿生产水泥。

选矿过程中产生的尾矿是一种常见的矿山固体废弃物。在传统矿山开采中，这些尾矿往往会被直接排放或堆放在矿山附近，导致土地退化和水体污染。而将选矿尾矿用于水泥生产中，既可以解决尾矿排放问题，又可以充分利用这些固体废弃物。

铅锌尾矿和铜尾矿富含 SiO_2、Al_2O_3、Fe_2O_3、CaO，同时含有少量的 Ba、Ti、Mn 等微量元素，是常用的生产水泥的原料。将铅锌尾矿或铜尾矿添加至水泥中，主要利用其中的微量元素改善熟料烧成过程中硅酸盐矿物和熔剂矿物的形成条件，加快硅酸三钙晶体的形成和增长，稳定硅酸二钙八方晶体的结构转型，从而降低液相的形成温度，形成少量早强矿物，提高熟料质量。一些研究表明，采用铅锌尾矿与萤石作为复合矿化剂，可使水泥熟料的烧成温度降低至 1250~1300 ℃。

山东省昌乐县特种水泥厂使用 5.32%的铜尾矿进行配料，熟料质量得到提高，可满足高标号水泥生产要求，吨熟料耗煤比标定指标降低了 15.7%，同时取代了复合矿化剂，降低了约 12%的生产成本。辽宁葫芦岛市林业水泥厂采用铅锌尾矿配料，显著改善了生料的可燃性，降低了熟料的热耗，提高了机立窑产品质量，一个年产 10 万吨的机立窑厂每年可利用铅锌尾矿 1 万多吨，创造经济效益可达 100 万元以上。

（2）利用粉煤灰生产水泥。

粉煤灰中富含二氧化硅、铝、铁等成分，可作为水泥生产的原材料。在粉煤灰生产水泥的过程中，首先需要对粉煤灰进行测试，以确定其适用范围和控制质量。接着，需要进行配料与砂浆试验，优化粉煤灰水泥的配方比例，确保其性能满足建筑材料的要求。然后，需要进行水泥熟料和粉煤灰的混合烧成试验，确定合适的烧成工艺和烧成温度，保证水泥产品的质量和稳定性。最后，进行水泥产品的性能检验，确保其符合相关的标准和要求。

5.2.3 矿山固体废弃物用于水泥生产带来的经济效益和环境效益

水泥是建筑行业的重要原材料，传统的水泥生产过程造成了资源消耗和环境污染。利用矿山固体废弃物作为水泥生产的替代原料，不仅可以降低成本，提高经济效益，还能保护环境。

从经济角度来看，利用矿山固体废弃物替代传统的天然原料可以降低原料采购成本，减少生产成本。同时，使用矿石固体废弃物可以降低能源消耗，特别是减少石灰石煅烧过程中的能源需求，进而降低能源成本。此外，将矿山固体废弃物用于水泥生产中可以将废弃物转化为有价值的产品，减少废弃物处理的成本。

从环境角度来看，利用矿山固体废弃物作为水泥生产的原料有助于保护天然资源，如石灰石和黏土，从而减缓对资源的过度开采。此外，它可以实现废弃物减量与循环利用，减少废弃物产生和处置的问题，并通过循环利用这些固体废弃物降低环境污染和土地占用。同时，使用矿山固体废弃物可以减少二氧化碳的排放量。此外，将有害物质稳定化并固化在水泥基质中有助于防控环境污染风险。

5.3 矿山固体废弃物在制砖中的应用

长期以来，中国的墙体建筑材料以空心砖为主，而取土烧砖则侵占了大量耕地。随着工业化进程的加快，各类工业垃圾越来越多，以粉煤灰、煤矸石、铁尾矿为基础生产墙体建筑材料越来越普遍，生产较多的是烧结砖和免烧砖。

5.3.1 矿山固体废弃物生产烧结砖

烧结砖是指坯体成型后经高温焙烧而制得的用于砌筑的砖，是一种常见的建筑材料，广泛用于建筑、道路、园林等领域。烧结砖产品建造的房屋能够满足最简便、最经济、最具安全性的要求，能用较少的原材料和能源，建成坚固耐用的墙体和具有通风功能的倾斜屋面结构。同时，烧结砖还能够提供高度舒适的生活环境，如保温隔热、室内环境湿度的调节、隔声、防火等。

传统烧结砖主要由天然黏土制成，烧制过程既不环保又不节能。利用尾矿、煤矸石和粉煤灰等矿山固体废弃物制备烧结砖，可以实现矿山固体废弃物的资源化利用，减少对天然资源的需求，同时也能减轻对环境的污染和破坏。

5.3.1.1 尾矿制备烧结砖

尾矿成分和烧结砖原料成分十分相似。因此，尾矿只需加入辅助原料，进行合理的配比，就可制备出烧结砖。图 5-2 所示为尾矿制备烧结砖工艺流程。烧结过程中，随着温度的升高，尾矿中部分矿物发生了分解和重结晶，从而形成了新的相，这些新相为烧结砖提供了骨架，增强了砖体的强度。同时，在烧结过程中生成了低共熔物，形成了液相，填充了孔隙，使得坯体内部的微孔数量减少，密度增加，强度提高。烧结时加入一定量的钙基化合物，可提高其热稳定性并促进晶粒生长，从而改善砖体显微结构及力学性能。

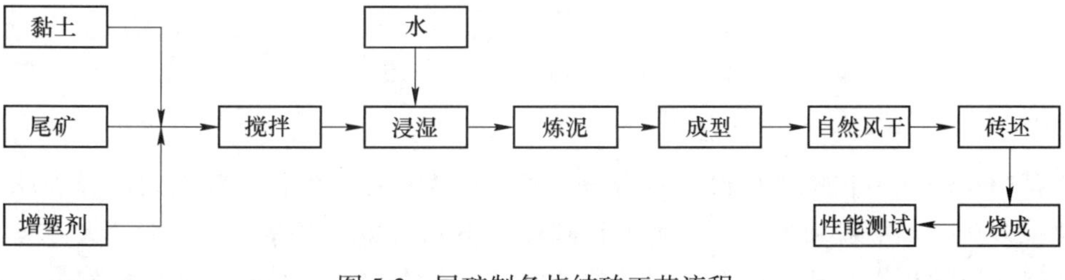

图 5-2 尾矿制备烧结砖工艺流程

尾矿中不同成分所引发的物理化学反应、反应速率和反应温度存在差异，进而导致烧结砖的性能也呈现出一定差异。尾矿成分对烧结砖强度影响较大，但对抗冻性、耐碱性等物理性能却没有明显影响。对不同的尾矿，可以采用不同的工艺来生产各种不同性质的烧结砖。

5.3.1.2 煤矸石制备烧结砖

煤矸石的主要成分是石英和黏土矿物，制备烧结砖是综合利用煤矸石的重要方法之一，不仅可以有效利用其中的黏土矿物，还能利用其中的热能。

为了生产优质的煤矸石烧结砖，需要预先对原料进行化学成分和物理特性分析。由于煤矸石的种类多样，不是所有的煤矸石都适用于制造砖块。煤矸石的化学成分与形成时期、地区等条件有关，直接影响砖坯的烧结温度和成品砖的物理力学性能。例如，蒙脱石含量过高时需要调整配比，否则干燥时砖坯会收缩变形和炸裂，影响成品率。过高的黄铁矿含量会导致高 SO_2 排放，增加脱硫成本。因此，在制砖之前，对原料的矿物化学组分进行分析非常必要。通常情况下，烧结砖用的煤矸石是采煤过程中排出的含碳量小、灰分超过 40%不成煤的页岩，呈深灰色，质地较软，莫氏硬度为 3，外观呈片状结构，具有不完全解离效果。所以，在选择和配比煤矸石原料时也必须考虑其物理特性，并进行合理的颗粒级配，以确保生产出高质量的煤矸石烧结砖。

煤矸石制备烧结砖的工艺流程如图 5-3 所示。将煤矸石混合物均匀混合后加入一定量的水在搅拌机中进行一定时间的混合搅拌，搅拌后的混合物料倒入标准烧结砖模具中压制成型并进行陈化。陈化后的成型砖坯为 950~1100 ℃的条件下烧制得到制品。

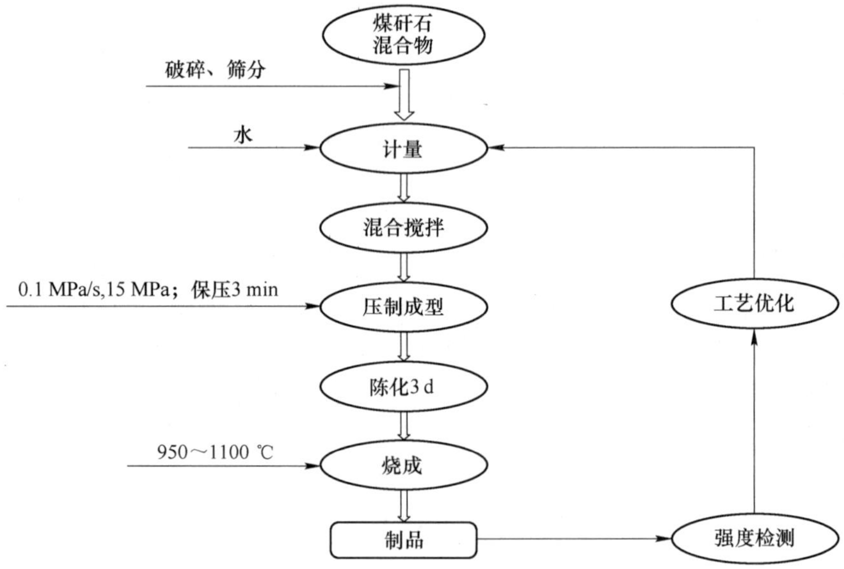

图 5-3 煤矸石制备烧结砖工艺流程

5.3.1.3 粉煤灰制备烧结砖

从煤炉及烟气中收集的灰粉，称为粉煤灰。粉煤灰按其颗粒形貌大致可分为球形玻璃质颗粒、多孔玻璃颗粒和少量不规则多孔碳粒。不同形貌的粉煤灰活性有较大差异，其中球形玻璃颗粒的粉煤灰活性最高，多孔玻璃颗粒的粉煤灰活性最小，活性较好的粉煤灰适合用作水泥和混凝土的掺合料，活性较低、高含碳量的粉煤灰适合生产粉煤灰烧结砖。利用粉煤灰制备烧结砖可以节约土地、节约能源、减轻墙体重量和提高隔热性能。

粉煤灰烧结砖的生产工艺可分为半干法和湿法。半干法能够掺大量粉煤灰于砖的生产中，但是其产量较低。湿法掺量较难超过 50%，且对黏土的塑性指数要求较高，但其产量高。粉煤灰湿法生产烧结砖的工艺步骤如下：

（1）备料：带水分的粉煤灰与碾碎的黏土初步混合后送到轮碾机中碾混进行备料。

（2）成型：将已备好的混合料通过喂料机送入真空挤出机，挤出后即由钢丝切割机切成坯，堆坯于平板窑车上，最后被送入隧道干燥房中干燥。

（3）干燥：隧道窑干燥室用作干燥砖坯，其干燥用的热量从燃烧余热中来。干燥期不少于 48 h，然后通过窑车将砖坯再送到窑中。砖坯的堆垛高度按窑烧要求而定，一般小于 7 层。从隧道窑出来的砖坯的含水量不得超过 6%，从而使烧成时干燥收缩值不超过 10%。

（4）窑烧：窑烧一般采用隧道窑。砖坯在窑中经过不同的温度区，即预热、烧成和冷却、获得产品。窑烧中的燃料一般采用煤粉，烧成期约 50 h。

5.3.2　矿山固体废弃物制备免烧砖

免烧砖是一种由废弃物和矿山固体废弃物作为主要原料，不经高温煅烧而制造的建筑材料，具有节能、环保、耐火、抗压等特点。常见的免烧砖包括空心砖、多孔砖、保温板等，广泛应用于建筑工程中。使用矿山固体废弃物生产免烧砖不仅可以改善建筑功能和居住舒适度，促进墙体材料产品结构调整，还能减少能源消耗和环境污染。尾矿、煤矸石和粉煤灰是生产免烧砖的主要原材料。

5.3.2.1　*尾矿制备免烧砖*

尾矿制备免烧砖的工艺流程如图 5-4 所示。尾矿制备免烧砖时，应用较多的设备有搅拌机、轮碾机、压力成型机等。搅拌机通常采用双卧轴强制式搅拌方式，水泥与尾矿砂分别经过计量后送入搅拌机。如果尾矿砂中有水存在，可不加水直接拌和，反之应添加相应数量雾化水并均匀搅拌，以实现充分混合、润湿、浸润，形成含水率基本相同的球核以便输送至下一层轮碾机进行碾磨。混合料经过搅拌之后，颗粒之间彼此亲密接触，再通过轮碾机破坏颗粒表面，起到活化作用。活化可以增加物料颗粒的水化深度，提高制品的强度和耐久性能。压力成型在生产工序中最为关键，为了保证制品有足够的强度，压制成型的坯体必须密度大，强度高，每块砖坯体大面上承受的力应大于 270 t，这种条件下压制的坯体，不用托板直接搬运，码垛层数可达 10 层，之后再经过自然养护、常压蒸汽养护或高压蒸汽养护后即可制成尾矿砖。

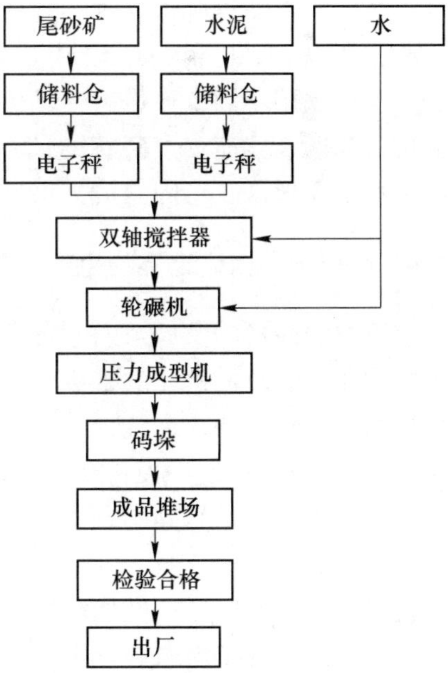

图 5-4　尾矿生产免烧砖工艺流程

5.3.2.2　*煤矸石/粉煤灰制备免烧砖*

以粉煤灰、煤矸石等为原料，加入少许水泥、石灰、砂子等胶结材料，经过搅拌后压制成型，然后自然养护一段时间即可制成免烧砖。在免烧砖生产过程中，消耗的能量仅为烧结黏土砖的一半，成本低廉。

煤矸石/粉煤灰制备免烧砖的工艺流程如图 5-5 所示。煤矸石和粉煤灰需要先进行预处理，预处理过程首先要除杂，之后进行研磨达到合适的粒径。煤矸石和粉煤灰颗粒的大小决定了免烧砖生产时是否需要加入额外的颗粒状骨料，掺入适量颗粒级配合理的骨料，可有效防止砖的分层和收缩，增加砖的密度和耐久性，降低成本。

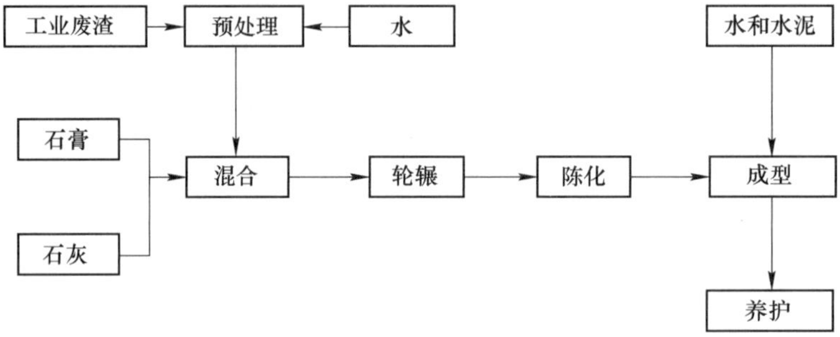

图 5-5　煤矸石/粉煤灰制备免烧砖的工艺流程

煤矸石/粉煤灰中 SiO_2 的含量对砖的强度影响很大，SiO_2 含量越高，砖的相对强度越大，但 SiO_2 含量过高，会影响砖的可塑性，并易产生裂缝，因此 SiO_2 含量（质量分数）一般控制在 70%左右。煤矸石和粉煤灰的含碳量及含水量也是需要考虑的因素，一般含碳量（质量分数）大于 10%的原料可以用来制备免烧砖，对含水率大于 30%的原料，需要进行蒸发、过滤等脱水处理。煤矸石/粉煤灰中存在的 CaO 和 MgO 含量过高，会产生体积膨胀，所以需要控制 CaO 和 MgO 含量。煤矸石/粉煤灰作为工业废弃物，产量巨大，价格低廉，将其用于制备免烧砖，不仅可以改善砖的性能，节约成本，还可以解决固体废弃物的排放问题。然而，煤矸石/粉煤灰的开发利用需要遵循“物尽其用，就地取材”的原则，根据不同地区、不同组成来区别利用。

5.3.3　利用矿山固体废弃物生产彩色地面砖

随着我国经济的发展及人们居住环境的改善，市政建设对路面装饰的要求日益提高。城市公园化和农村城镇化的推进，促使市政建设急需采用各种新型的广场砖和路面砖来取代传统的灰色水泥砖。据统计，一个城市空闲地面的 25%～35%可以铺设彩色地面砖。而以尾矿为骨料制造彩色地面砖，不仅符合高效节能和清洁生产的标准，而且能大量消耗尾矿，减轻尾矿造成的污染问题。

以铁尾矿为主要原料，安徽黄梅山铁矿采用反打振动工艺和压制工艺生产的彩色地面砖，抗压强度超过国家标准 20 MPa，达到了道路建设的标准要求，同时具有成本低、质量好、效益高、施工简单等优点。该技术充分挖掘了矿山废弃物的潜力，将其转化为宝贵资源，减少了环境污染，同时延长矿山尾矿库的使用寿命，具有显著的经济效益和社会效益。

本钢技术中心采用尾矿和微量的无机结合剂-CM 复合胶结剂，成功研制出了一种彩色人行道板砖（见图 5-6）。该产品主要用于矿山和厂矿、公路等地铺设路缘石或其他路面材料，具有高强度、低成本和短固化时间（仅需一昼夜即可搬运）的特点。产品可与各种天然或人工骨料混合制成不同颜色、形状的混凝土路面材料，并能满足城市园林绿化对铺装结构的特殊要求。在本溪市溪湖区等绿化施工建设中，经过5年多的长时间使用观察，该彩色人行道板砖依旧保持着完好无损的状态。特别是采用该产品制作人行道板时，不需要用水冲洗即可达到预期效果。在城市美化建筑施工中，相较于水泥制品道板砖，此砖具有卓越的性能表现，包括但不限于各项指标更高、更不吸水、更不会在雨天打滑、更加耐用，因此具有完全替代传统水泥质制品的广阔应用前景。

图5-6　彩色地面砖

彩图

彩色地面砖不但能够满足市民对于路面装饰的高要求，同时也能够减少对环境的负面影响，对于城市的可持续发展和美化环境具有重要意义。城市中的彩色地面砖不仅可以提供美观的视觉效果，还具有耐久性和易于维护的特点，这种创新的建筑材料将在未来的市政项目中发挥重要作用，可为城市增添亮丽的色彩。

5.4　矿山固体废弃物在多孔陶瓷生产中的应用

多孔陶瓷是一种含有一定量空隙的无机非金属粉末烧结体。多孔陶瓷具有体积密度小、气孔均匀分布、孔隙率高、比表面积大等独特的物理特性，以及作为陶瓷材料特有的耐腐蚀、耐高温、尺寸稳定性和较高的化学稳定性等特点，在净化分离、气体或液体过滤、催化剂载体、特种墙体材料、高级保温材料、生物材料、化工储能材料和航天航空材料等方面都得到了应用。

5.4.1　多孔陶瓷的生产工艺

随着多孔陶瓷在现代工业领域得到广泛应用，各种不同的制备工艺也逐渐开发出来，主要有添加造孔剂工艺、颗粒堆积工艺、有机泡沫浸渍工艺、发泡工艺、溶胶-凝胶工艺等。

（1）添加造孔剂工艺。通过在陶瓷配料中添加造孔剂，利用造孔剂在坯体中占据一定的空间，然后经过烧结，造孔剂离开而形成气孔来制备多孔陶瓷。添加造孔剂制备多孔陶瓷的工艺流程与普通的陶瓷工艺流程相似。造孔剂的种类有无机和有机两类，无机造孔剂有碳酸铵、碳酸氢铵、氯化铵等高温可分解的盐类，以及煤粉、碳粉等。有机造孔剂主要是天然纤维、高分子聚合物和有机酸等。造孔剂颗粒的形状和大小决定了多孔陶瓷材料气孔的形状和大小。多孔陶瓷材料的成型方法与普通陶瓷的成型方法类似，主要有模压、挤压、等静压、扎制、注射和粉浆浇注等。

(2) 发泡工艺。向陶瓷骨料中加入发泡剂且在一定的条件下发泡剂反应分解生成泡沫，泡沫经过干燥和烧结后去除并留下气孔，从而得到多孔陶瓷的制备工艺。

(3) 颗粒堆积工艺（固态烧结工艺）。通过较大陶瓷颗粒之间的堆积形成孔隙，利用较小的陶瓷颗粒在高温下易于生成液相使骨料黏结在一起而制备出多孔陶瓷。

(4) 有机泡沫浸渍工艺。将配制好的原料充分涂抹在有机泡沫网状体上，经过一段时间干燥并加热除去有机泡沫网状体，从而得到具有网状结构多孔陶瓷的制备工艺。

(5) 溶胶-凝胶工艺。溶胶-凝胶工艺主要利用凝胶化过程中胶体粒子的堆积及凝胶处理、热处理等过程中留下小气孔，形成可控多孔结构。这种方法可以产生纳米级气孔，多用来生产微孔陶瓷。

5.4.2　利用尾矿制备多孔陶瓷

随着多孔陶瓷的应用越来越广泛，利用尾矿制备多孔陶瓷受到关注，为尾矿的再利用提供了一种可靠的途径，同时也降低了多孔陶瓷的制作成本。可用于生产多孔陶瓷的矿业尾矿有石墨尾矿、铁尾矿、铝土尾矿、钼尾矿、铜尾矿、钒尾矿、铅锌尾矿、金尾矿、稀土尾砂、珍珠岩尾矿、蛇纹石尾矿等。

5.4.2.1　利用石墨尾矿制备多孔陶瓷

全国每年石墨尾矿的产量达600万吨，若不采取回收利用措施，必将占据大量宝贵的土地资源，并造成环境污染。石墨尾矿的成分较为复杂，在化学成分上因尾矿的原料来源不同而有所差异，但通常含有 Si、Al、Ca、Fe、Mg、Na、K、C 等。其中，SiO_2 含量（质量分数）高达35%~80%，还含有一定量的 Al_2O_3 和 CaO，其硅酸盐大部分以石英状态存在，可用于生产多孔陶瓷。图5-7所示为石墨尾矿生产多孔陶瓷的种类及功能。

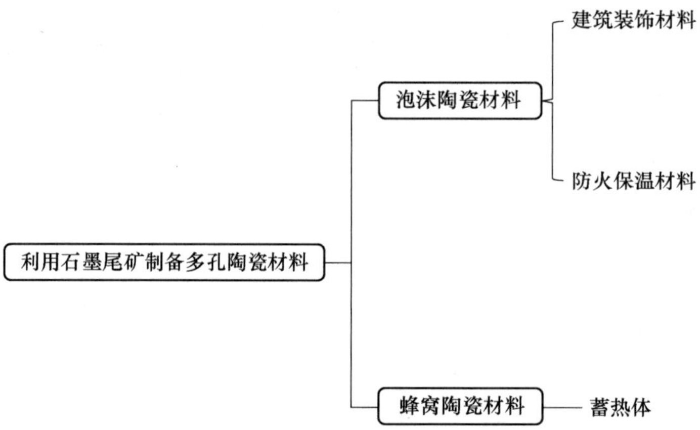

图5-7　石墨尾矿生产多孔陶瓷的种类及功能

5.4.2.2　利用铁尾矿制备多孔陶瓷

铁尾矿是选过精铁矿后剩下的废渣，除了少量金属外，其主要矿物组成是硅酸盐脉石矿物。铁尾矿的主要化学成分是 SiO_2、Al_2O_3、Fe_2O_3、CaO 和 MgO 等，满足制备多孔陶瓷的原材料要求。铁尾矿生产多孔陶瓷的种类及功能如图 5-8 所示。

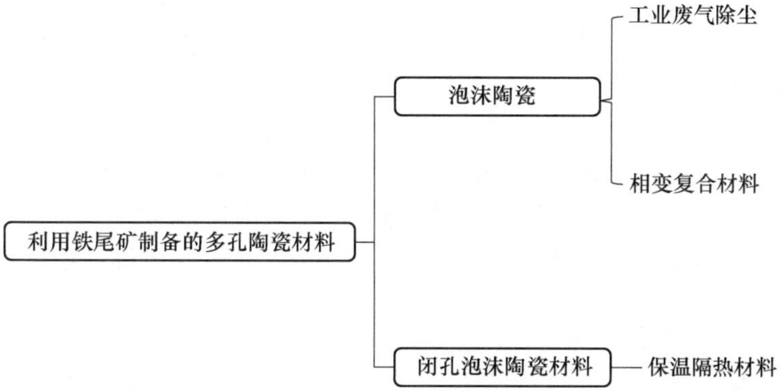

图 5-8　铁尾矿生产多孔陶瓷的种类及功能

5.4.2.3　利用铝土矿尾矿制备多孔陶瓷

铝土矿尾矿的主要化学成分为 Al_2O_3、SiO_2 和 Fe_2O_3，还有少量的 TiO_2、MgO、CaO、K_2O 和 Na_2O 等。铝土矿尾矿许多特性与黏土矿物相似，可以作为制备多孔陶瓷的主要原材料。铝土矿尾矿生产多孔陶瓷的种类及功能如图 5-9 所示。

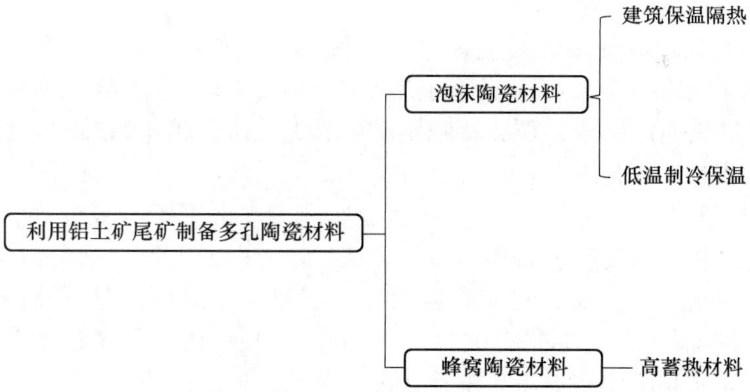

图 5-9　铝土矿尾矿生产多孔陶瓷的种类及功能

5.5　矿山固体废弃物在其他建材生产中的应用

5.5.1　人造矿物棉和人造石

矿物棉是岩棉和矿渣棉的统称，是纤维状材料，具有绝热、防火、吸声、抗震等性能，可用于制造板、管、毡、带、纸及仓库或超市的防火帘等各种制品，用于建筑和工业装备、管道、窑炉及仓库等。

近年来，由于我国开始禁用石棉（因石棉有致癌作用），对矿物棉的需求激增。尽管某些高炉渣可用于生产矿物棉，但其成分波动大，会影响矿物棉质量的稳定。用废石来生产矿物棉，虽然成本稍高，但易于通过配料来保证成分的稳定。有许多废石或其组合都可以用作矿物棉的原料；例如，镁质泥灰岩、玄武岩（辉绿岩）或辉长岩掺加石灰岩、黏土岩掺加白云岩和白云质灰岩、砂岩掺加白云岩、65%～70%的花岗岩掺加30%～35%的白云质泥灰岩、正长岩掺加少量白云岩等。一般可以通过饱和系数来衡量岩石的组合是否可用，当饱和系数稍大于1时，才适于制造矿物棉。

铸石具有耐磨、抗腐蚀的特点，其耐磨性是锰钢的5～10倍，是铸铁的几十倍，除了氢氟酸外，几乎不与酸、碱起反应，因而广泛用于化工、矿山、冶金、水电等行业。玄武岩或辉绿岩是常见的矿床围岩，最适于制造铸石。在生产铸石时，为了补充主原料中某些成分的不足，还常用角闪石、蛇纹石、石灰石、重晶石等作为辅料；还可用铬铁矿、钛铁矿尾矿作为核化剂。

5.5.2 吸附材料

矿山固体废弃物在污水处理中发挥着重要作用。通过将废弃的尾矿利用为吸附材料，可以有效净化城市污水中的重金属离子，此方式不仅能够减少污水中重金属污染物质的含量，还可以将其固定于形成的沉淀物中，有效地分离出水中的污染物。除了作为吸附材料，矿山固体废弃物还可以用作处理污水的滤料，去除污水中的污染物，提高水质。将矿山固体废弃物用作吸附材料和滤料，不仅可以减少固体废弃物对环境的污染，还能为污水处理提供可靠的材料，实现资源的再利用和循环利用。这种绿色环保的利用方式，是矿山产业可持续发展的重要方向之一。

（1）用作污水处理时直接吸附重金属的材料。尾矿净化污水的原理是：将尾矿泥加入城市污水，矿泥能将重金属离子吸附于尾矿的表面，形成沉淀物从水中分离。研究表明，如果吸附是纯表面的结合，那么每吨尾矿可吸附几磅金属；如果能兼起化学反应，那么每吨尾矿可吸收数百磅金属。

（2）用作物理法处理污水的滤料。物理法处理污水常用于一级处理，可以去除污水中的悬浮物或乳浊物。石英砂、石榴石粒、磁铁矿粒、白云石粒、花岗岩粒等矿物可用作物理法的滤料。但是，用作滤料对矿物粒度有一定要求，例如，对石英砂的粒度要求是0.5～1.2 mm，对石榴石砂的要求是0.2～0.5 mm。某些钨矿山的尾矿中常以石英粒或花岗岩粒为主，故能从其跳汰粗选尾矿中筛选出符合粒度要求的滤料。

（3）用作化学法处理酸性污水的碱性滤料。石灰石、大理石和白云石是矿山废石中常见的岩石，它们的主要成分是碳酸盐，可以用作酸性污水处理的滤料。

（4）用作曝气生物滤池的滤料。曝气生物滤池（BAF），是20世纪80年代末在欧美发展起来的一种新型生物膜法污水处理工艺。尾矿或废石可以用作曝气生物滤池的滤料。如可以用黏土矿物含量高的尾矿或废石中的页岩（包括煤矸石），并添加少量辅料来制造专业名称为“Arlita”的滤料。

习　题

5-1　发泡陶瓷相对于普通陶瓷，它的优点、缺点有哪些？

5-2 在“双碳”的背景下，大量的固体废弃物用于生产混凝土时，应该注意什么才能减少建材质量的安全性？

5-3 矿山固体废弃物建材化利用的定义是什么？列举常见的矿山固体废弃物建材化利用技术。

5-4 矿山固体废弃物在生产水泥时，有哪些优点？

5-5 简述矿山固体废弃物制砖的工艺流程。

6 矿山固体废弃物高值化利用技术

对矿山开采和洗选矿石过程中产生的废石和尾矿等废弃物通过高技术、新技术、新工艺来进行有效的资源回收和再利用，以实现矿山废弃物资源化和综合利用的过程称为矿山废弃物的高值化利用。在对矿山固体废弃物进行高附加值利用时，需要遵循四个原则：(1) 高值化利用技术必须可行，能够使废弃物得到最大化的资源利用。(2) 高值化的经济效果比较好；(3) 尽可能在固体废弃物排放源附近处理利用，以减少固体废弃物在储放、运输等方面的投资；(4) 产品应符合国家相应产品的质量标准，具有市场竞争力。

6.1 矿山固体废弃物制备微晶玻璃

微晶玻璃又称玻璃陶瓷、微晶陶瓷，是以传统玻璃和石材技术为基础所发展起来的一种新型材料，综合了玻璃、陶瓷和天然石材的三重优点。

(1) 自然柔和的质感、色调均匀无色差。表面光洁度远高于石材，无论光线从什么角度射入，经过结晶微妙的漫反射，均可形成自然柔和的质感，没有任何光污染。

(2) 优良的耐候性、耐久性、零吸水性及独特的耐污染性和自净性。与花岗岩、大理石等石材相比，微晶玻璃的耐酸耐碱性能更加突出，而且作为无机非金属材料，即使与受污染的湿润空气、废水等接触也不会出现变质、褪色、强度降低等现象。另外微晶玻璃吸水率接近零，不会由于渗水到内部而出现冻结破坏、铁锈等问题，混凝土泥浆、灰色污染物类物质不会渗透到内部。没有石材吐汁的现象，附着于表面的污物很容易擦洗干净。

(3) 强度高、可轻量化。与天然石材相比，微晶玻璃更坚硬，不易受损，其材料厚度与施工方法可达到很好的相配，与现代建筑物轻量化但又坚固的主流相符合。微晶玻璃还具有很高的经济效益，配合不同的加热方式，可制造出轻重量、高强度、价格低廉的曲面板。这些优异的性能让微晶玻璃在建筑幕墙和室内高档装饰等方面得到广泛应用。

微晶玻璃在机械、光学领域也有广泛应用。利用玻璃陶瓷耐高温、抗热震、热膨胀可调等力学和热学性能，可以制造出各种满足机械力学要求的材料。运用云母的可削性和定向取向性，还能制备出高强度的和可切削加工的玻璃陶瓷。玻璃陶瓷作为机械力学材料在活塞、旋转叶片及炊具等方面得到广泛应用，还可作为结构材料用于飞机、火箭、人造卫星。在光学方面，利用其对温度变化不敏感的特性，低膨胀和零膨胀玻璃陶瓷在要求具有温度变化但又要保持尺寸稳定的领域得到应用，如用于望远镜和激光器的外壳、光纤接头等。

6.1.1 微晶玻璃分类

按照基础玻璃成分的差异性，可以将微晶玻璃体系分为硅酸盐微晶玻璃、磷酸盐微晶玻璃、硼酸盐微晶玻璃等。

（1）硅酸盐微晶玻璃。硅酸盐微晶玻璃由 SiO_4 四面体形成基本网络，根据基础四面体单元的聚合程度（Si、O 原子比），可以分为岛状硅酸盐、双硅酸盐、环状硅酸盐、链状硅酸盐、层状硅酸盐、网状硅酸盐等体系，其中最为常见的是网状硅酸盐体系。通过添加 Mg、B、Ti 等一种或多种元素可以完成取代基础四面体结构中的 O 和 Si 原子，来获取更好的化学稳定性和更低的热胀系数等。另一方面从元素的组成来看，硅酸盐微晶玻璃又能继续细分为铝硅酸盐、磷硅酸盐、碱金属和碱土金属硅酸盐、氟硅酸盐、铁硅酸盐等体系。其中铝硅酸盐微晶玻璃体系因具有优异性能和商业及战略意义被广泛研究和应用。

（2）磷酸盐微晶玻璃。磷酸盐微晶玻璃与硅酸盐微晶玻璃在结构上极其相似，由 P、O 四面体构成基本结构单元。但磷还可以形成 sp^3d 杂化，因此 PO^{4-} 四面体只能与其他四面体在 3 个角上相连，而不能像硅酸盐的 SiO_4 四面体一样，彼此在 4 个角上连接成网络。这样的结构特点加上 P^{5+} 的阳离子场强，使得磷酸盐微晶玻璃的性质和硅酸盐微晶玻璃具有一定的差异。

（3）硼酸盐微晶玻璃。硼酸盐玻璃中主要的玻璃生成体是 B_2O_3。由于三价硼是 sp^2 杂化，每个硼原子可连接 3 个氧原子，能形成具有高度稳定性的硼氧三角［BO_3］。这一结构很难被破坏，因此 B_2O_3 玻璃并不容易析出微晶。但是在 B_2O_3 玻璃中加入碱金属氧化物或碱土金属氧化物后，氧离子将引起 B 外层电子轨道重新组合，形成 sp^3 杂化。此时原硼酸盐玻璃结构中的硼氧三角［BO_3］便会转化为硼氧四面体［BO_4］，B_2O_3 玻璃从原来的二维层状结构部分转变为三维立体结构，网络被加强，其各种物理性能也有所提升。由于硼硅酸盐微晶玻璃结构极其稳定、对核素载量大，且具备低热膨胀系数、高抗辐射损伤和化学耐久性，如今已经成为应用最为广泛的高放射性废弃物固化材料。

6.1.2 微晶玻璃的制备方法

6.1.2.1 熔融法

熔融法是玻璃陶瓷最早使用的制备方法，其工艺路线如图 6-1 所示。将颗粒组成的生料在高温下熔融为玻璃后直接成型为所需形状的产品，经过退火后在特定温度下进行核化和晶化，以获得晶粒细小且结构均匀致密的微晶玻璃制品。熔融法的最大特点是可以沿用任何一种玻璃的成型方法，例如压制、压延、吹制、拉制及浇铸等，整体技术工艺相对简单。与通常的陶瓷成型工艺相比，熔融法更适合于制备形状复杂、尺寸精密的产品，更方便用于机械化、自动化生产。制备得到的玻璃陶瓷制品致密度高、均匀化程度高、没有气孔，而且对原料要求较低，高温熔融处理可以实现大部分原料的均质化。但是该法在熔融过程中温度过高且难以控制、退火工艺复杂，导致整体工艺路线能耗大，因此得到的玻璃陶瓷晶相的数量取决于基础玻璃的整体析晶能力和热处理制度。

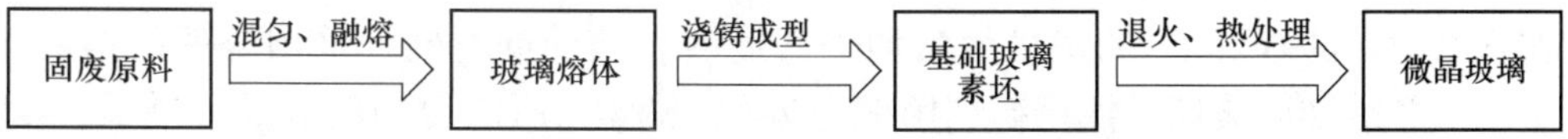

图 6-1 微晶玻璃熔融法制备工艺路线

6.1.2.2 烧结法

烧结法可进一步细分为熔融-烧结法和直接烧结法，工艺路线如图 6-2 所示。

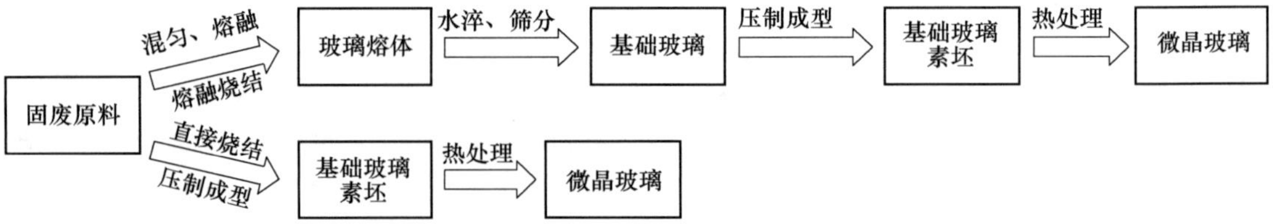

图 6-2　微晶玻璃烧结法制备工艺路线

熔融-烧结法是将生料通过高温熔制为玻璃后倒入水中淬冷，经水淬后的玻璃易于粉碎为细小颗粒，再装入特殊模具中，采用与陶瓷烧结类似的方法，让玻璃粉在半熔融状态下致密化并成核析晶。

直接烧结法又被称为陶瓷烧结法，是将玻璃态或者晶态原料直接进行混匀磨细，然后进行烧结使原料粉体相互固溶形成玻璃，通过颗粒生长及颗粒间的黏性流动排出颗粒间的气体，同时发生核化和晶化等反应。

烧结法的特点在于基础玻璃的熔融温度比熔融法低，熔融时间短。加上玻璃粉末具有较高的比表面积，比熔融法所得的玻璃更易析晶，不必使用核化剂。烧结法克服了传统熔融法制备玻璃陶瓷熔制温度高、热处理时间长的缺陷，无须经过玻璃形成阶段，适于极高温熔制的玻璃及难以形成玻璃的玻璃陶瓷的制备。

6.1.2.3　溶胶-凝胶法

溶胶-凝胶法是近年来最热门的合成方法。首先将原料配制成溶液，反应生成溶胶，再通过水解、凝胶化和缩合反应转化为凝胶，随后通过热处理、成型、晶化等步骤得到微晶玻璃。溶胶-凝胶法制备的玻璃具有纳米孔隙和高比表面积，有利于提高材料的生物活性和溶解性，但其所需原料通常为高纯度化学试剂，生产成本较高。另外，其生产反应周期较长，絮凝状的均匀溶胶制备困难，成品容易变形。

6.1.3　矿山固体废弃物制备微晶玻璃实例

6.1.3.1　铁尾矿生产微晶玻璃

铁尾矿是工业固体废弃物的主要组成部分，我国堆存的铁尾矿量高达十几亿吨，占全部尾矿堆存总量的近 1/3。目前，高硅铁尾矿（$m(SiO_2)>70\%$）已成功用于制备微晶玻璃。以铁尾矿和废石（一般属于 $CaO-MgO-Al_2O_3-SiO_2$ 和 $CaO-Al_2O_3-SiO_2$ 体系）为主要原料，生产的尾矿微晶玻璃在抗压强度、抗折强度、光泽度、耐酸碱性等方面表现出了超越天然花岗岩的优异性能。

以大孤山铁尾矿和攀钢钛渣为主要原料，并添加一种含钠废弃物，研制出一种微晶玻璃，其晶相以钙铁辉石为主，呈现出青黑色泽和光泽质感。

在含 CaO · MgO 和 Fe 的尾矿中添加合适的砂岩等辅助材料，采用合适的熔制工艺，可以生产出高级饰面玻璃，铁尾矿利用率为 70%~80%，所制得的玻璃具有卓越的物理化学性能，其主要特性超越了大理石。

6.1.3.2　铜尾矿生产微晶玻璃

不同产地的铜尾矿化学组成波动较大，其主要化学成分为 SiO_2，还含有大量的 Al_2O_3 和 Fe_2O_3，以及少量的 CaO、K_2O 及 Na_2O 等化学成分。根据铜尾矿化学组成，利用铜尾矿制备微晶玻璃通常选择 $CaO-Fe_2O_3-SiO_2$ 及 $CaO-Al_2O_3-SiO_2$ 体系作为配料的依据。

以钢渣、铜尾矿、粉煤灰为主要原料，Cr_2O_3 和 Fe_2O_3 为复合晶核剂，采用熔融法制备以透辉石（$Ca(Fe, Al)(Si, Al)_2O_6$）为主晶相的 $CaO-Al_2O_3-SiO_2$ 体系的复合尾矿微晶玻璃，最后得到了体积密度分别为 2.99 g/cm^3、3.12 g/cm^3，吸水率、耐酸碱性近乎 0，抗弯强度分别为 192.99 MPa、225.82 MPa 的复合尾矿微晶玻璃，它的耐急热急冷性能优于大理石、瓷质砖和花岗岩这 3 种材料。

以铜尾矿为主要原料，选择 $CaO-Fe_2O_3-SiO_2$ 体系作为配料依据，混合料在 1450 ℃保温 23 h，再经退火和晶化处理后制得了以硅灰石为主晶相的微晶玻璃，其性能比大理石和花岗岩更优异，在基础玻璃配方中进一步掺入不同的晶核剂，分别引入 4%～10%的 Cr_2O_3、TiO_2、P_2O_5，在还原气氛下烧制，可以得到咖啡色、淡黄色和灰白色的微晶玻璃。

6.1.3.3 钨尾矿生产微晶玻璃

钨尾矿具有含铁量低的特点，还含有一定量的 CaF_2、As_2O_3 和 P_2O_5，可加速玻璃熔化和澄清，适合用于制造微晶玻璃。以钨尾矿和长石、石灰石等为主要原料，采用熔融法可以制备得到乳白色钨尾矿微晶玻璃，产品无微小气孔、不吸水，外观和其他物化性能与烧结法微晶玻璃相似，工艺过程简单，能源和劳动力消耗更少，成本更低。随着技术发展，不添加晶核剂，采用浇注成型晶化法的新型钨尾矿微晶玻璃被研制出来，工艺简单，成本低廉，产品性能优于天然大理石和花岗岩，为钨尾矿的综合利用提供了有效途径。

6.1.3.4 金矿尾矿生产微晶玻璃

金矿尾矿主要矿物组成为石英、钠长石、白云母，此外还有少量的钾长石，其主要化学成分是 $SiO_2 \cdot AlO_3$，还含有制造硅酸盐玻璃所必需的其他原料（MgO、CaO、KO、NaO 和 BO 等），只要引入一些其他氧化物，调整它们的比例，就可制备玻璃。金矿尾矿作为一种复合矿物原料，适用于除纯白色以外的黄、灰、绿色等多种颜色建筑装饰用微晶玻璃板材的工业化生产。如根据微晶玻璃的基础组成，选择镁铝硅酸盐体系作为配方依据，在金尾矿中加入镁、铝质材料，制得了堇青石型微晶玻璃。

6.2 煤矸石为原料制备高值化材料

煤矸石（见图 6-3）是成煤过程中与煤共同沉积的有机化合物和无机化合物混合在一起的岩石，通常呈薄层存在于煤层中或煤层顶、煤层底。按主要矿物含量分类，煤矸石可分为黏土岩类、砂石岩类、碳酸盐类、铝质岩类。按最终形态，煤矸石可分为掘进矸石、选煤矸石和自然矸石三大类。煤矸石的来源主要有三部分，分别是露天开采剥离及井筒和巷道掘进排出的矸石，大约占比 45%，采煤过程煤巷产生的矸石，占比约 35%和占比 20%的选煤厂产生的矸石。

煤矸石主要矿物成分是以高岭石、蒙脱石等为主的黏土矿物，其次为石英、长石、云母、黄铁矿等。无机质主要为矿物质和水，二氧化硅含量（质量分数）为 30%～65%，氧化铝含量（质量分数）为 15%～40%，还包括三氧化二铁、氧化镁、氧化钙等金属氧化物和钛、铜、锰等部分元素。有机质主要包括碳（20%～30%）、氢、氧、氮和硫等，有些含腐殖酸，也含有铅、镉、铬、汞等有毒有害元素。

图 6-3　煤矸石

我国煤矸石累计堆存已达 70 亿吨，并且以每年 1.5 亿吨的速度持续上升，占地面积达到 70 km^2，占全国耕地保有面积的 6.79%。煤矸石因其丰富的矿物组成和化学成分及特殊的物理性质被广泛应用于废水处理、生产矸石水泥、混凝土的轻质骨料等建筑材料、煤与矸石混烧发电，制取氧化铝等铝系和硅系化工产品及有用组分回收提取贵重稀有金属，也可作农业生产肥料。近年来，随着煤矸石制砖、充填等规模化消纳项目的涌现及技术的推广，煤矸石综合利用率逐年提高（见图 6-4）。

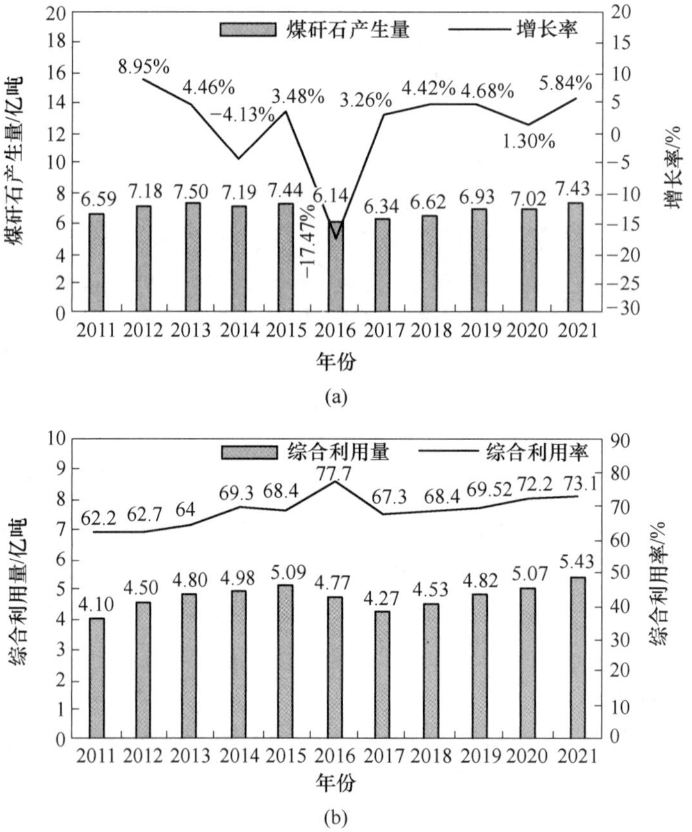

图 6-4　2011—2021 年煤矸石产生量图（a）和 2011—2021 年煤矸石综合利用情况图（b）

6.2.1 煤矸石发电

煤矸石的发热量是指单位质量的煤矸石完全燃烧所能放出的热量，单位为 kJ/kg。煤矸石的热值一般为 3346~6273 kJ/kg，发热量大于 6272 kJ/kg 的煤矸石可直接用作锅炉燃料，发热量介于 4180 kJ/kg 和 6272 kJ/kg 的煤矸石需要掺杂部分发热量较高的中煤、尾煤或者煤泥进行燃烧发电，煤矸石发电是利用其蕴含热量的主要途径。

如图 6-5 所示，我国利用煤矸石发电的历程发展大致分为 4 个阶段。

第一阶段为沸腾炉燃烧煤矸石发电。沸腾炉燃烧又被称为流化床燃烧，是利用风室空气将固定炉上的灼热料层中的灰粒吹成沸腾状态，使其与煤粒一起在炉膛的一定高度上、下成沸腾状燃烧。沸腾炉对煤种燃料具有较广的适应性，烟煤、无烟煤、褐煤和煤矸石等都可以被燃烧利用，而且燃烧较为充分，对燃料具有较高的利用率。

第二阶段是在 20 世纪 90 年代，由沸腾锅炉燃烧（流化床燃烧）向循环流化床燃烧和混合燃烧技术的转变，循环流化床锅炉采用流态化燃烧，主要结构包括燃烧室和循环回炉两大部分。

第三阶段是 300 MW 大型循环流化床锅炉燃烧发电技术得到应用，并于 2008 年全面实现 300 MW 等级循环流化床锅炉国产化，技术达到世界先进水平。

第四阶段是 2013 年世界上第一台 600 MW 超临界循环流化床锅炉在四川白马电厂投入使用，将我国煤矸石发电技术推向一个新的发展阶段。

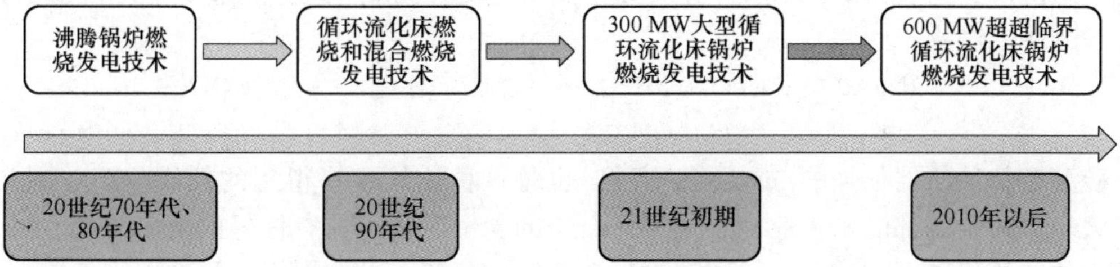

图 6-5 煤矸石发电技术发展历程

6.2.2 煤矸石制备化工产品

煤矸石中含有丰富的 Si、Al 和 Ca 等元素，还有少量的 Ni、B、Be、Ti、Ga 等稀有元素，煤矸石作为这些化工元素提取的廉价原料，可制备铝系、硅系等高附加值化工产品。

6.2.2.1 铝系化工产品

当煤矸石中铝硅比大于 0.5，Al_2O_3 含量（质量分数）大于 35%时，可利用此类煤矸石代替铝土矿提取和制备铝盐类化工产品。目前提取铝系化工产品的方法主要有酸法和碱法两大类，主要制备的铝系化工产品有 Al_2O_3、$Al(OH)_3$、结晶氯化铝和聚合氯化铝等。酸法是利用酸浸将其中的氧化铝转化为铝盐溶液再利用；碱法是将 $CaCO_3$ 或 CaO 和 NaOH 与煤矸石在一定温度下煅烧后，使用碱性溶液将其中的氧化铝溶出。酸法由于效率高、操作简单而成为常用的方法。

A 煤矸石硫酸法制备 Al_2O_3

煤矸石硫酸法制备 Al_2O_3 工艺流程如图 6-6 所示。

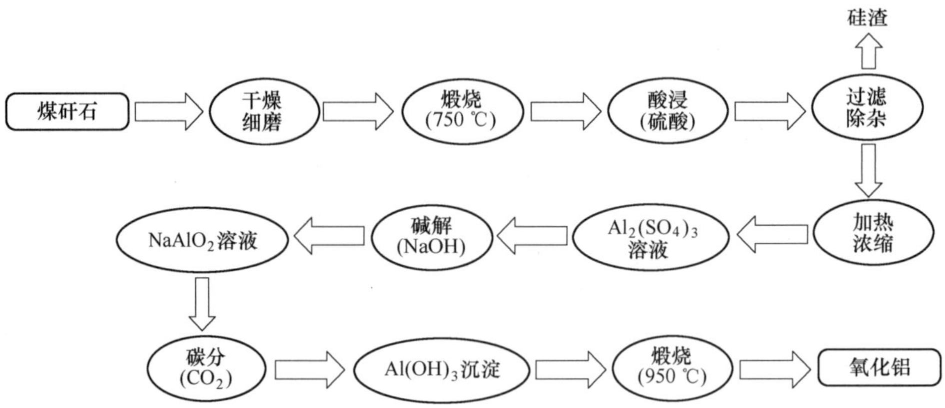

图 6-6　煤矸石硫酸法制备 Al_2O_3 工艺流程

将煤矸石干燥细磨、750 ℃高温下煅烧，再使用硫酸对其进行酸浸，固液分离后得到 $Al_2(SO_4)_3$ 溶液，而含硅成分不与酸反应，从而实现铝硅分离。

$$Al_2O_3 + 3H_2SO_4 \longrightarrow Al_2(SO_4)_3 + 3H_2O$$

将浓缩后的 $Al_2(SO_4)_3$ 通过过量的 NaOH 进行碱溶得到 $NaAlO_2$：

$$Al_2(SO_4)_3 + 6NaOH \longrightarrow 2Al(OH)_3\downarrow + 3Na_2SO_4$$

$$Al(OH)_3 + NaOH \longrightarrow NaAlO_2 + 2H_2O$$

将碱溶得到的 $NaAlO_2$ 与 CO_2 经碳分得到 $Al(OH)_3$ 沉淀，再经过 950 ℃高温煅烧即可得到氧化铝产物：

$$2NaAlO_2 + CO_2 + 3H_2O \longrightarrow 2Al(OH)_3\downarrow + Na_2CO_3$$

$$2Al(OH)_3 \longrightarrow Al_2O_3 + 3H_2O$$

硫酸是一种活性很强的二元无机强酸，也是一种比较容易得到的低成本工业副产品，和绝大多数的金属都能发生反应，对煤矸石中的含铝矿物也具有良好的溶出性能。由于煤矸石中的二氧化硅不与酸反应，酸法更易实现铝硅分离，且在提铝过程中使用的酸大部分可实现循环利用，实现减量化生产，节约成本。酸法具有酸可循环利用、流程短、渣量小等优点，但依旧存在设备耐腐蚀性要求高、酸耗量大、酸浸时间长等缺点。

B　煤矸石碱法制备 Al_2O_3

煤矸石石灰石烧结法制备 Al_2O_3 工艺流程如图 6-7 所示。

将煤矸石与石灰石混合高温烧结，煤矸石中的含铝晶体物质和非晶体物质与石灰石反应生成铝酸钙和硅酸二钙：

$$CaCO_3 \longrightarrow CaO + CO_2\uparrow$$

$$7(3Al_2O_3 \cdot 2SiO_2) + 64CaO \longrightarrow 14(2CaO \cdot SiO_2) + 3(12CaO \cdot 7Al_2O_3)$$

$$CaO + Al_2O_3 \longrightarrow CaO \cdot Al_2O_3$$

然后通过 Na_2CO_3 溶液浸出：

$$Na_2CO_3 + CaO \cdot Al_2O_3 + 4H_2O \longrightarrow 2NaAl(OH)_4 + CaCO_3$$

二次脱硅以后用 CO_2 进行碳分生成 $Al(OH)_3$ 沉淀，最后在 950 ℃高温下煅烧生成 Al_2O_3：

$$2NaAl(OH)_4 + CO_2 \longrightarrow 2Al(OH)_3\downarrow + Na_2CO_3 + H_2O$$

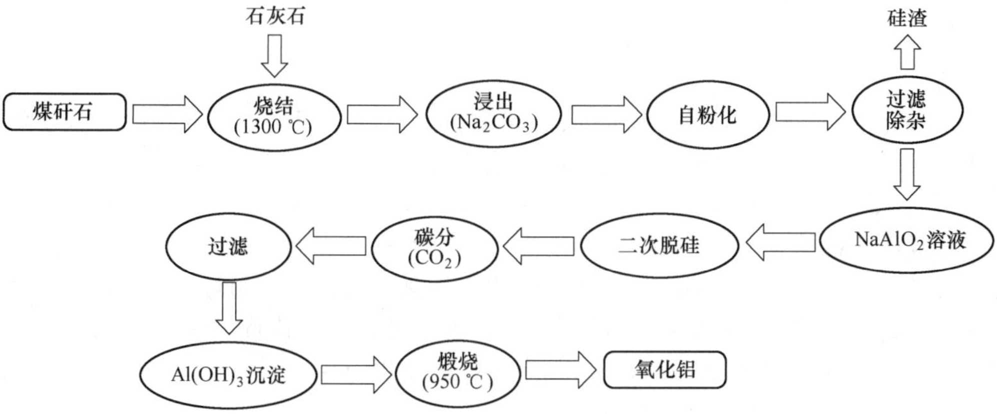

图 6-7 煤矸石石灰石烧结法制备 Al_2O_3 工艺流程

$$2Al(OH)_3 \longrightarrow Al_2O_3 + 3H_2O$$

石灰石烧结法工艺流程包含物料烧结、熟料自粉化、碱溶液溶出、二次脱硅、CO_2 碳分及高温煅烧等过程。该工艺技术成熟，成本低且原料烧结后不需要研磨，但石灰的使用导致大量硅酸钙废渣产生，烧结温度高于酸法，因此能耗较大。

6.2.2.2 硅系化工产品

煤矸石含有丰富的二氧化硅，当煤矸石中 SiO_2 含量（质量分数）大于 35%时，可作为硅系化工产品廉价的原料，合成工业硅酸钠、碳化硅和白炭黑等，是煤矸石高附加值利用的途径之一。

A 煤矸石生产白炭黑

白炭黑又称水合二氧化硅，主要成分是二氧化硅，化学式为 $m SiO_2 \cdot n H_2O$，是一种外观呈白色，具有多孔隙的硅系增强粉体材料。白炭黑具有很高的电绝缘性、多孔性和吸水性，其表面积大，具有很好的补强和增黏作用，以及良好的分散、悬浮和振动液化特性，已广泛应用于塑料、橡胶、造纸、涂料、染料和油墨等十几个领域。

对煤矸石先采用煅烧工艺，然后进行酸溶—碱熔—水淬—二次酸化工艺处理可以制备得到白炭黑。除此之外，采用煅烧活化—碱熔—乙醇作用—酸中和工艺也能制得产率较高的白炭黑。

煤矸石酸浸渣制取白炭黑工艺流程如图 6-8 所示。

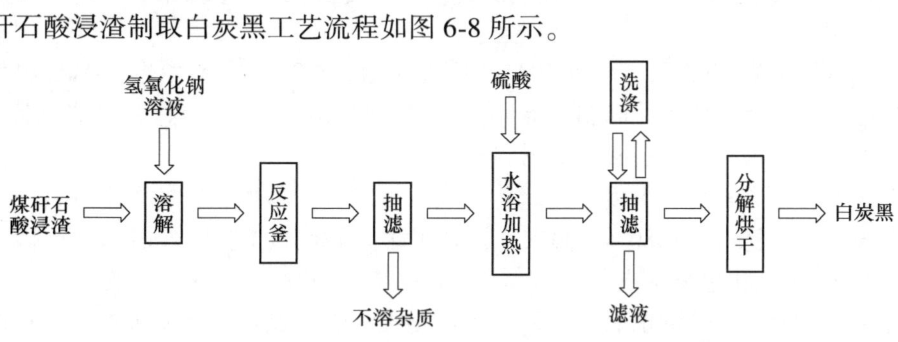

图 6-8 煤矸石酸浸渣制取白炭黑工艺流程

B 煤矸石生产碳化硅

碳化硅，一种无机物，化学式为 SiC，是用石英砂、石油焦（或煤焦）、木屑（生产绿色碳化硅时需要加食盐）等原料通过电阻炉高温冶炼而成。碳化硅是由美国人 Acheson 在 1891 年电熔金刚石时偶然发现的一种碳化物，1893 年艾奇逊以高硅煤矸石和烟煤为原料，采用 Acheson 法工业合成碳化硅，具有速度快、污染少、成本低的特点。

煤矸石中除 SiO_2 和 C 之外，还含有较多的 Al_2O_3 及少量的 Fe_2O_3、TiO_2、MgO 等杂质。在合成碳化硅的过程中，Al_2O_3 在高温下能与 SiO_2 生成致密稳定的莫来石，可降低碳化硅的产率和纯度，而 Fe_2O_3 虽对反应过程有催化作用，但也会对合成产物的纯度造成影响。因此，需要将煤矸石中除 SiO_2 和 C 之外的杂质除去。因此，一种采用加压酸浸法对煤矸石进行处理，一步去除煤矸石中的杂质方法得以应用。

以矿产煤矸石为原料，通过加热加压酸浸，一步除去煤矸石中的杂质元素。煤矸石酸浸后，经抽滤、洗涤和干燥后得到除杂煤矸石，其主要成分为二氧化硅和有机碳：

$$Al_2O_3 \cdot 2SiO_2 \cdot 2H_2O(s) + 6H^+(aq) \longrightarrow 2Al^{3+}(aq) + 2SiO_2(s) + 5H_2O$$

$$AlO(OH)(s) + 3H^+(aq) \longrightarrow Al^{3+}(aq) + 2H_2O$$

$$Fe_2O_3(s) + 6H^+(aq) \longrightarrow 2Fe^{3+}(aq) + 3H_2O$$

煤矸石中的主要杂质元素被酸溶解，离开煤矸石进入溶液体系，整个酸浸过程中，酸浸时间和酸浸温度都会影响浸出率。SiO_2 和 C 不溶于酸，经过滤、洗涤，富集于滤饼中，滤饼烘干后成为粉末。但其中碳含量还相对偏少，为合成碳化硅需再添加一定比例的碳源。除杂后的煤矸石与碳放入球磨罐中球磨混匀，放入刚玉坩埚中，装入焙烧炉中通过碳热还原法合成碳化硅：

$$SiO_2(s) + 3C(s) \longrightarrow SiC(s) + 2CO(g)$$

合成后的产物经氧化脱去多余的碳，得到碳化硅粉体。煤矸石经酸浸除杂后可以代替石英砂合成碳化硅，达到节约能源、减少成本的效果。

6.3 矿山固体废弃物制备耐火材料

耐火材料是指耐火度不低于 1580 ℃的无机非金属材料，主要用作高温窑炉等热工设备的结构材料，以及用作工业高温容器和部件的材料，具有一定的高温力学性能、良好的体积稳定性，是各种高温设备必备的材料。

耐火材料的分类方法有很多，按照化学成分可以分为酸性、碱性和中性；按照耐火度可以分为普通耐火材料（1580~1770 ℃）、高级耐火材料（1770~2000 ℃）、特级耐火材料（2000 ℃以上）和超级耐火材料（大于 3000 ℃）四大类；按材料的化学、矿物组成可分为硅质耐火材料、硅酸铝耐火材料、镁质耐火材料、橄榄石质耐火材料、铬质耐火材料、碳质耐火材料、锆质耐火材料、特殊耐火材料等。常见的耐火材料化学组成与分类见表 6-1。

表 6-1 常见的耐火材料化学组成与分类

分　类	类别	主要化学成分	主要矿物成分
硅质耐火材料	硅砖	SiO_2	方石英、磷石英
	石英烧制品	SiO_2	石英玻璃
硅酸铝耐火材料	黏土砖	SiO_2、Al_2O_3	方石英、莫来石
	高铝砖	SiO_2、Al_2O_3	莫来石、刚玉
	半硅砖	SiO_2、Al_2O_3	方石英、莫来石
镁质耐火材料	镁砖	MgO	方镁石
	镁铝砖	MgO、Al_2O_3	方镁石、镁铝尖晶石
	镁铬砖	MgO、Cr_2O_3	方镁石、铬尖晶石
	镁橄榄石砖	MgO、SiO_2	方镁石、镁橄榄石
白云石质耐火材料	白云石砖	MgO、CaO	方镁石、氧化钙
铬质耐火材料	铬砖	Cr_2O_3、FeO	铬铁矿
	铬镁砖	Cr_2O_3、MgO	方镁石、铬尖晶石
碳质耐火材料	碳砖	C	石墨
	石墨砖	C	石墨
锆质耐火材料	锆英石砖	ZrO_2、SiO_2	锆英石
特殊耐火材料	纯氧化物制品	Al_2O_3、ZrO_2、MgO、CaO	刚玉、高温型 ZrO_2、方镁石、氧化钙
	复合物制品	Al_2O_3 · SiC · C	

不同耐火材料制品的原料选择各有不同，有不同的物理-化学反应，但是耐火材料制品的生产工序和加工方法基本一致。

近年来，有关工业废渣资源化利用的研究越来越多，其中以废渣为主要原料制备耐火材料的案例也在增加。

6.3.1 硅酸铝质耐火材料

硅酸铝质耐火材料是以 Al_2O_3 和 SiO_2 为基本化学组成的耐火材料。按 Al_2O_3 含量不同可将硅酸铝质耐火材料分为半硅质耐火材料、黏土质耐火材料和高铝耐火材料。粉煤灰、铝渣等含有较多的 Al_2O_3 和 SiO_2，经一定技术处理后，在特定的工艺条件下可制备出性能较好的耐火材料。以粉煤灰为主要原料，加入适量的高铝水泥和聚合铝为黏结剂在一定条件下制备的粉煤灰微珠隔热砖，具有加热永久线变化率低、热导率低、抗热震性好等特点，经此工艺生产的隔热砖可用作热工窑炉的隔热材料，降低了隔热制品的成本。在此基础上采用碳热还原氮化工艺，并添加适量 Al_2O_3 和 C，控制氮气流量得到的粉体形态规则、粒度更加均匀，加入硫酸钠为介质后，得到的产物可作为以刚玉为主晶相的耐火材料的原料。

6.3.2 碱性耐火材料

碱性耐火材料是以 MgO、CaO 为主要成分的耐火材料，主要有镁质、镁铬质、镁硅质、镁铝质、镁白云石质、白云石质和石灰质等。这些材料的耐火度都较高，抵抗碱性渣的能力强。在工业废渣中，铬渣、硼泥等含有较多的镁成分，是制备碱性耐火材料的主要原料。

用工业铬渣和电熔镁砂按一定比例进行配料，以 60 MPa 压力成型，按一定速率升温，达到一定的温度后进行保温烧结，自然冷却后得到了铬渣镁砂复合耐火材料，产品性能良好，可满足耐火材料的使用要求。用亚硫酸纸浆废液作结合剂，在 100 MPa 压力下压制成型，烧结温度为 1500 ℃，采用 30%的轻烧镁，配加 70%的浸出铬渣，可得到耐火温度高于 1700 ℃的复合耐火材料，其产品性能高于高铝砖和镁铬砖。利用硼镁砂生产硼砂后排出的硼泥废料为原料，其主要矿物组成为橄榄石、方镁石及少量的铁酸镁，因此制备的多为耐高温性能良好的镁橄榄石质多孔陶瓷。

6.3.3　不定形耐火材料

不定形耐火材料是由骨料、细粉、结合剂与添加剂组成的混合物。按施工方式通常有浇注料、捣打料、喷射料及耐火涂料等，但按工业应用要求和废渣本身复杂的化学成分，目前研究局限在制备浇注料和喷射料上。不定形耐火材料具有良好的流动性和分散性，加上废渣本身的低强度等不利因素，使得废渣往往作为辅助成分添加到性能较优的耐火成分中以制备出合格的材料。利用硼泥废渣、镁渣、钢纤维为主要原料，掺入一定量的耐火水泥、锰渣等骨料，在添加剂的作用下，拌和成浇注材料并用于对锅炉耐火炉的补里，解决了用于此处的浇注料开裂、使用周期短等问题，并节约了大量的维修费用。不定形耐火材料的广泛使用，丰富了硼泥废渣的资源化利用途径。

耐火材料制品典型生产工艺流程如图 6-9 所示。耐火材料制品的整个生产工序中，矿石的破碎粉碎、选矿分类都属于原料的加工，目的是去除杂质，提高原料的纯度，通常要经过拣选或冲洗，有的甚至还要采用适当的选矿方法进行精选提纯，当原料不均时，需进行均化处理。干燥过程常分三个阶段进行，第一阶段时间较短，目的是让坯体的温度上升。第二阶段随着干燥时间的延长，坯体表面的有效蒸发面积逐渐减少，干燥速度逐渐降低，称为降速阶段。最终阶段由于坯体水分不再发生变化，干燥速度逐渐接近于零。

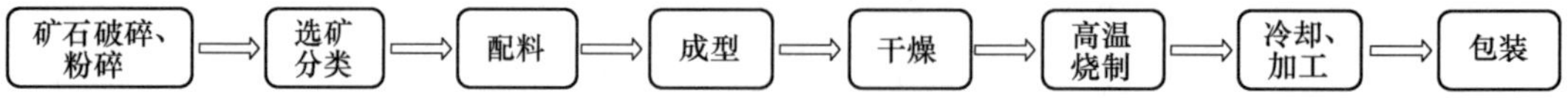

图 6-9　耐火材料制品典型生产工序

6.3.4　以铁矿石尾矿为原料制备镁橄榄石基耐火材料

以铁尾矿、活性镁粉和镁尾矿的混合物为原料，将约 5%的固体可燃材料混入混合物中，以确保较高的孔隙率和较低的体积浓度。使用微二氧化硅和活性氧化镁的混合物作为黏合剂，以确保湿土坯和半成品土坯的强度。将土坯在室温和 383 K 下干燥 12 h，烧结温度为 1723 K，持续 6 h，制备流程如图 6-10 所示。制备得到的镁橄榄石基轻质隔热砖和工业轻质隔热砖性能对比见表 6-2。与工业轻质隔热砖相比，合成镁橄榄石基轻质隔热砖具有较轻的容重、合理的荷载耐火度和导热系数、较高的抗压强度和断裂强度。

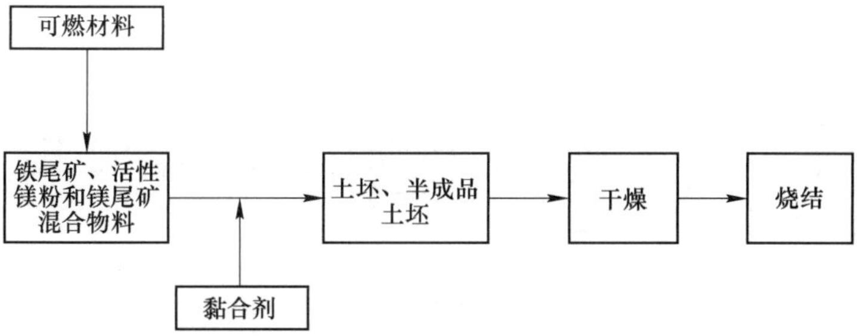

图 6-10 铁矿石尾矿为原料制备镁橄榄石基耐火砖

表 6-2 镁橄榄石基轻质隔热砖和工业轻质隔热砖的性能

砖类型	堆积密度 /g·cm^{-3}	孔隙率 /%	荷载耐火度 /%	抗压强度 /MPa	断裂强度 /MPa	导热系数 350 ℃/W·(m·k)$^{-1}$
镁橄榄石基轻质隔热砖	0.922	56.73	5%（1551 ℃）	4.3	1.4	0.30
工业轻质隔热砖	1.0	—	—	3.0	0.98	0.30

6.4 矿山固体废弃物制备肥料和土壤改良剂

矿山固体废弃物中常含有利于植物生长的微量元素，因此固体废弃物经过加工处理可直接当作肥料使用，或用作土壤改良剂。

6.4.1 矿山固体废弃物制备肥料

肥料是指提供一种或一种以上植物必需的营养元素，改善土壤性质、提高土壤肥力水平的物质，是农业生产的物质基础之一。我国化肥产业自 1949 年开始迅速发展，发展顺序是先氮肥、后磷肥、再钾肥、复合（混）肥，常规化肥品种的发展趋势基本遵循世界化肥产业发展的主流趋势，即向高浓度和复合化方向迈进。

6.4.1.1 粉煤灰磁化复合肥

粉煤灰可以直接用作肥料，也可以采用一定方法将粉煤灰制成磁性肥料及磁性复合肥料。粉煤灰磁化肥的生产过程比较简单，通过磁化机（永磁结构磁化机和电磁结构磁化机）磁化处理使粉煤灰磁化，就可以得到粉煤灰磁化肥，粉煤灰的磁化时间和磁场强度主要与粉煤灰中铁的存在方式和含量等因素有关。

粉煤灰磁化复合肥（简称磁化肥）是在粉煤灰磁化肥中加入适量的 N、P、K 肥生产出来的一种复合型肥料，是一种集粉煤灰作用、磁化作用和矿质营养作用为一体的新型肥料。粉煤灰磁化肥在砂姜黑土、板结土壤、酸性土壤、黏质红壤和水稻土上施用得到的效果最为明显；在新开垦的瘦瘠红壤上施用效果最佳，增产值达到 50%~80%；而在高肥力土壤和砂质土壤上几乎无明显作用效果。

A 生产工艺

粉煤灰磁化复合肥的生产工艺流程如图 6-11 所示，主要是通过混料、造粒和磁化等主要工序完成。

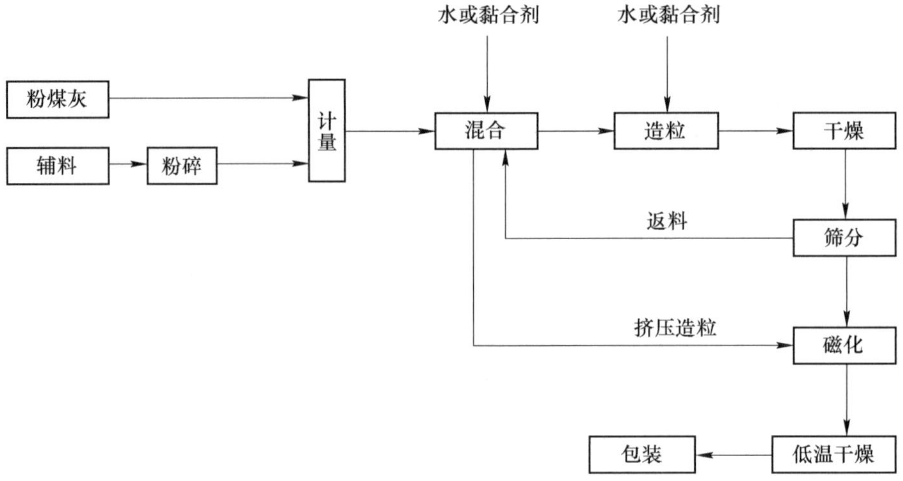

图 6-11 粉煤灰磁化复合肥的生产工艺流程

对于配料的选材要求最基本是粒度均匀、纯净、不含杂物或泥沙，不得出现结块、失效等问题。其次配料中有害物质的含量不得超过国家标准《颗粒紫胶》（GB/T 8137—2009）规定。最后对于化学元素组分的要求是碳含量不大于 15%、氮含量不小于 46%、磷含量不小于 43%，有效成分的含量越高越好，含水率在 10%左右，含水量越低越好。

造粒主要是为方便肥料的运输和施用，通常采用团粒法，使用造粒机将前一阶段的混合物料制成以氮肥原料为核心的包裹型粒肥。这类包裹型粒肥的肥效长、不易结块和挥发。颗粒粒度一般为 2～3 mm，也可制成 5～10 mm 的大粒。机械强度一般要达到 8 N/cm^2。造粒过程要添加一定的水分，为了增加颗粒的稳定性，有时还需添加少量黏合剂。

磁化是磁化复合肥整个生产工艺流程中最关键的工序，通常由磁化器完成。磁化器按磁系性质分为永磁和电磁两大类。前者不需激磁电源，但体积较大，磁场易衰退，且不能退至零磁场，不便于输送和清理。通常磁化器采用电磁式，保持磁感应强度为 0.4 T，持续时间 2~4 s，成品含水分要求在 5%以下。

B 增产机理

关于粉煤灰磁化复合肥增产的机理，主要有以下几种：

（1）改善土壤结构。由于粉煤灰中含有一定量的 Fe，在经过磁化后仍然保留有一些剩磁，这些被磁化过的“活性颗粒”由于具有较高的磁易感性，进入土壤后会对周围土壤结构产生影响，可将土壤颗粒磁活化，使土壤磁性提高 100 倍左右，有助于疏松土壤，增加物理黏性凝聚的数量，达到改善土壤的保水、保肥、透气、透水性能和团粒结构的效果，并使作物根系发生化学反应和磁生物效应，有利于营养成分的输送和根系的吸收。

（2）改进土壤的化学特性。磁化粉煤灰与普通粉煤灰一样，呈弱碱性，一般 pH 值为 9~11，施用在一些酸性土壤中，能起到调节土壤 pH 值的作用，使土壤的 pH 值达到 6.5~7，有利于作物生长。

（3）促进某些微量元素的溶解。粉煤灰中含有 B、Mn、Cu、Zn、Mo、Co 和 S 等多种可帮助农作物生长的微量元素，能溶解于植物生长中根系分泌的有机酸中，促进有效成分的生成，从而被植物吸收利用。

（4）促进植物的酶系统发生变化。在磁场影响下植物性质的变化是与酶代谢、核内中央调节系统酶的活度、DNA 分子在磁场中定向等有关，从而使得蛋白质的合成以及光合作用的进行等过程得到活化。

（5）粉煤灰中二氧化硅含量较高，其中容易被植物吸收的有效硅，也称可溶性硅在粉煤灰粉碎细磨预处理加工后，质量分数可达 15%以上。对于水稻、甘蔗和小麦等需硅养料的作物，粉煤灰可提供硅素养料，尤其在我国缺硅的土壤中，对水稻等有良好的增产效果。有研究发现，与传统化肥相比，施用粉煤灰磁化复合肥对小麦、玉米和水稻的增产效应分别为小麦平均增产 10%，玉米平均增长 5.2%和水稻平均增长 10.3%，增产效果明显。

6.4.1.2　硅钙肥

硅钙肥的外观根据生产原料不同可分为白色、灰色、土黄色三种，其中二氧化硅的含量（质量分数）为 40%～50%，有效硅占 20%～25%，氧化钙的含量（质量分数）为 35%～45%，另外还含有铁、锌、锰、钼、铜、硒等多种微量元素。

粉煤灰中 SiO_2 含量（质量分数）高达 50%～60%，但可被植物吸收的有效硅仅为 1%～2%，要成为硅肥必须将其可溶性硅含量提高 20 倍。粉煤灰硅肥的生产是将粉煤灰与助熔剂和添加剂按一定比例混合，在高温和特定条件下焙烧制得。其原理是粉煤灰中的二氧化硅与混合物料中的碱性氧化物（如氧化钙、氧化钾等）发生固相化学反应，生成构溶性的硅酸盐，植物根系生长分泌的有机酸能溶解这种肥料。

以白泥资源化利用为例，白泥是粉煤灰酸法提铝排出的残留物，对环境有害。白泥中 SiO_2 含量（质量分数）高达 70%～80%，且约 80%的 SiO_2 由于上述 Al 萃取处理具有相对较高的反应活性。同时白泥中酸溶性元素（如 Na、Al、Fe）及一些有害重金属（包括 Pb 和 Cr）的浓度明显低于原始粉煤灰。通过巧妙的绿色化学工艺（见图 6-12），在非常温和的反应条件（约 100 ℃和大气压）下可以实现白泥完全转化为硅钙肥（SCF）。同时废液完全回收利用，不产生二次固体废弃物。SCF 的可用硅含量（ASC，质量分数）为 35%，明显高于商业标准（20%）。

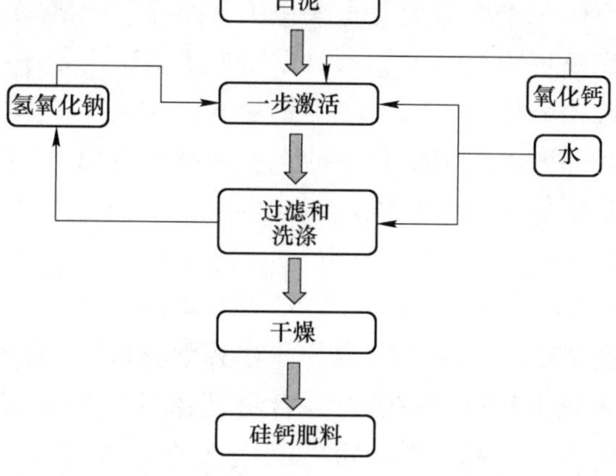

图 6-12　白泥基硅钙肥的制备工艺流程

6.4.1.3 钙镁磷肥

磷尾矿中的有用元素很多，如 P、Mg、Ca 等，因此具有很大的回收价值，可用于制作肥料。以磷酸为萃取活化剂，将磷尾矿中的有用元素（钙、镁、磷等）萃取并活化，再将料浆煅烧、干燥，使磷发生聚合反应，可得到聚合态钙镁磷肥。以磷尾矿为主要原料，用生物炭、木醋液、麦麸、解磷细菌和锯末等与其混合，可以制备出有机肥，这种有机肥不仅可提高土壤中的有机质含量，改善土壤的结构及通透性，还可以有效提高土壤的保水及保肥能力。以磷矿浮选尾矿和钛白废酸作为原料，可以生产出硫酸亚铁镁复合肥料。与目前常见的利用方式相比，碱激发地质聚合反应生产聚合态磷肥是一种可持续发展的新方法，能够以低成本和环境友好的方式处理磷尾矿、磷石膏和黄磷渣，既能使其变废为宝，提高磷矿固体废弃物的综合利用率，又能减少对环境的污染，避免占用宝贵的土地资源。

6.4.2 矿山固体废弃物制备土壤改良剂

粉煤灰中的硅酸盐矿物质和炭粒具有多孔结构，是土壤本身的硅酸盐矿物质所不具备的，在对矿区土壤、盐碱化土壤、沙化土壤和耕地土壤等的改良及修复方面具有巨大的应用潜力。粉煤灰主要通过自身理化性质对土壤的物理性质（孔隙率、容重、土体结构、表层温度等）、化学性质（微量元素含量、pH 值、盐度等）及生物活性（土壤微生物活性、酶活性等）进行改善。

6.4.2.1 粉煤灰对土壤物理性质的影响

A 土壤水分

粉煤灰表面富含大量结晶型二氧化硅，和土壤中成分的成键能力弱，可有效抑制土壤黏粒间的复合，提高黏土毛管孔隙的百分含量，提升土壤水分的有效库容。向土壤中施加粉煤灰，可以减小湿润峰的下移速率，增强土壤的持水性能，还有利于土壤保湿保墒，使水、肥、气、热趋向协调，为作物生长创造良好的土壤环境。

B 土壤团聚体

土壤团粒结构不仅可以直接反映土壤中不同粒径团聚体的组成，而且会对土壤的理化性质产生直接影响。它不仅对土壤肥力有重要作用，而且对土壤侵蚀程度、水分入渗和养分循环有重要作用。研究发现粉煤灰的施入可以增加土壤中大于 1 mm 水稳性团聚体的数量，改善土壤结构。在施用粉煤灰后，土壤容重降低、孔隙度增大，且土壤容重随着粉煤灰施用量的增加呈现逐步递减的趋势。合理的土壤管理措施能有效地促进土壤中水稳性团聚体的形成，为作物生长提供良好的环境。

6.4.2.2 粉煤灰对土壤化学性质的影响

A 对土壤微量元素的影响

粉煤灰中含有丰富的矿物质元素，可以为土壤提供 N、P、K 等多种植物可利用的营养成分。研究发现，粉煤灰中的有效磷和全磷含量显著高于土壤，适当的施入粉煤灰可以有效提高土壤中的有效磷含量。利用粉煤灰对退化土壤进行改良，发现粉煤灰与其他固体废弃物混合施加后的土壤各种营养元素特性好，生长力旺盛，其中磷、钾等的含量明显提升。

B 对土壤 pH 值的影响

按照 pH 值可以将粉煤灰分为酸性粉煤灰和碱性粉煤灰两类。碱性粉煤灰中含有 K、Ca、Na、Mg 等碱性金属，可以提高土壤的 pH 值，有利于改良酸性土壤。反之，酸性粉煤灰所含的三氧化物水解时会形成不溶的氢氧化物和可以离解的酸，这些酸有利于改良碱性土壤，降低土壤 pH 值，保证土壤的酸碱度在合理的范围之内。对土壤中施加粉煤灰后 2~10 年的混合物和地下水进行测定，发现其 pH 值与本底接近，均在作物正常生长的范围之内。

C 对土壤重金属的影响

粉煤灰较大的比表面积和碱性有助于重金属的沉淀。施加粉煤灰可以固化土壤中的重金属离子并且促进植物对土壤中重金属的吸收。如粉煤灰的加入可以明显降低 Zn、Mn、Pb 元素的有效性，且对土壤中的 Cd 有显著的稳定作用，能够阻止重金属离子迁移向生命体。

6.4.2.3 粉煤灰对土壤微生物和酶活性的影响

土壤微生物的活跃程度可以反映出土壤肥力状况，它是衡量土壤生态系统功能的重要指标。同时在土壤酶促反应中，土壤酶是非常重要的成分之一，土壤酶活性可以作为一个重要的生物活性指标。土壤中微生物和酶的活性主要依赖于土壤的理化性质，粉煤灰对土壤理化性质的影响间接地对其产生影响，同时其自身的理化性质也会影响土壤中微生物活性。有研究表明，在施用粉煤灰改良剂的土壤中，土壤保肥能力明显高于采用传统有机肥改良的土壤，表明粉煤灰作为改良剂对土壤有明显的改善作用。例如粉煤灰作为改良剂添加后，土壤孔隙度和土壤通透性得到增加、土壤水分含量、利用率和温度提升，从而促进了好气性微生物的大量繁殖，促进微生物活动更加活跃，使微生物数量随粉煤灰施入量的增加而增加。

6.4.2.4 粉煤灰作为土壤改良剂应用存在的问题

粉煤灰作为土壤改良剂对土壤的修复研究目前仍处于试验阶段，尽管众多试验结果已经证明了粉煤灰改良及修复土壤是有效可行的，但在实际应用过程中仍存在一些问题。

（1）粉煤灰施用量及种类问题。粉煤灰在施用进土壤之前应对粉煤灰自身的理化性质、土壤类型及土壤的理化性质（适合施用粉煤灰的土壤主要是过酸过碱或过砂过黏的低产田）进行定性定量分析，根据试验结果来确定粉煤灰的施用量和种类，科学合理地应用粉煤灰对土壤进行改良修复，避免对土壤产生负面影响。

（2）粉煤灰中含有重金属及有毒有害物质对土壤的潜在污染问题。粉煤灰中含有的重金属和有毒有害物质进入待修复土壤后会加剧土壤的恶化，甚至会造成待修复土壤周边地下水的重金属污染。有研究发现，短期内一次适当的施加或少量多次地施加粉煤灰不会造成重金属污染。但是长时间内是否会对土壤及地下水造成重金属污染，目前还有待考察。因此，应用粉煤灰改良土壤还需采取无害化处理措施，例如进行预处理降低粉煤灰中重金属和盐分的溶出等。

（3）粉煤灰与其他废弃物肥料配合施用的配比问题。由于粉煤灰中有机质和氮元素含量较低，单一施用粉煤灰土壤改良剂并不能均衡供应土壤营养和有效改善土壤质地和结构。将粉煤灰与其他废弃物肥料、有机肥等配合使用可弥补单一施用的不足，显著改善土壤的理化性质、土壤有机质含量和微生物的数量，达到更好的改善效果，但废弃物肥料的种类、配比比例及配合使用方式均会影响改良效果，因此应筛选出与粉煤灰相匹配且适宜的配比和合理的配合使用方式，使土壤改良达到最佳效果；同时也应注意这些废弃物肥料对环境的影响，积极对改良后的土壤进行污染风险评估。

6.4.2.5 主要退化土壤的改良技术

A 酸化地土壤的改良技术

当前针对酸化地土壤的改良技术主要有控制酸雨、农艺措施、生物改良和施加土壤改良剂等。最初的酸雨控制主要是通过控制 SO_2 的排放和改进脱硫技术，如利用具有吸硫功效的微生物菌株控制酸雨。农艺措施主要是通过减少酸性肥料的使用，改施碱性肥料；优化耕作模式，如间作套种和水旱轮作等方式减缓土壤酸化；合理的灌溉方式，如相对于畦灌和沟灌，滴灌和喷灌能减少灌溉量、提高用水效率和防治土壤酸化；选种耐酸作物，如甘蓝、土豆等。可发展的生物改良技术主要是利用土壤动物、微生物和植物修复酸化地，植物根系分泌物还可以消减酸性土壤中的铝毒。

但由于生物改良周期长、见效慢，人们逐渐采用石灰、钙镁磷肥和钾硅肥等碱性土壤改良剂以调节酸化地土壤 pH 值，改善土壤的团粒结构及物理、化学和生物特性，减少土壤盐基离子淋失和活性铝溶出，降低土壤重金属活性，从而提高农作物产量和品质。其中石灰是最传统的改良材料，可以中和酸化地中的活性酸和潜在酸，还可以缓解铝毒。

B 盐碱地土壤的改良技术

改良土壤盐碱化的技术主要有水利改良、物理改良、化学改良和生物改良等。水利改良的主要原理是在良好的排水状态下，通过水洗淋溶将土壤中的盐分直接冲走，以降低土壤含盐量，如明沟排水、暗管排水、生物排水和膜下滴灌等，其中暗管排盐是目前发展迅速和应用较多的一种灌溉方法。物理改良技术主要是采用铺沙和覆盖等方法，调控土壤物理结构和水盐运动，以抑制地表水蒸发，促进淋水洗盐。化学改良技术主要是向土壤中添加化学改良剂，以酸碱中和原理降低土壤中有害盐离子的有效性和碱度，应用较多的改良剂有脱硫石膏、磷石膏等，这些改良剂含有的钙离子可置换土壤颗粒表面的交换性钠离子，钙离子结合腐殖质可增加土壤团粒结构，降低土壤钠离子含量和 pH 值。生物改良技术主要是种植和翻压绿肥牧草、秸秆还田、施用菌肥、种植耐盐植物和施用有益微生物等，其核心是提高土壤肥力、改良土壤结构、减少地表水分蒸发和抑制返盐，以提高盐碱土壤的利用率。例如：耐盐碱植物会吸收土壤中的可溶性盐，以降低土壤盐度；有益微生物产生的有机酸可增加土壤养分含量，改善盐碱地土壤理化性质。

C 重金属污染地土壤的修复技术

重金属污染土壤的修复技术主要有物理、化学和生物及工程技术等。物理技术主要是通过“客土”和上下翻耕稀释土壤重金属含量。化学技术有化学淋洗法和钝化稳定化法，淋洗采用重金属活化剂，通过淋洗设备将土壤中的重金属淋洗出来，但由于存在淋洗液二次污染和费用较高等问题，主要应用于场地土壤修复项目。生物修复主要是利用动植物和微生物分解、固定或转化土壤中的有毒有害重金属，以降低重金属的植物累积和保障食品安全，其中植物富集修复技术应用较多，我国筛选出蜈蚣草富集砷、伴矿景天和东南景天富集镉等，在湖南和云南等地有一定示范应用。农田重金属污染的化学钝化稳定化修复，是目前国内外主要应用的重金属修复技术，其技术核心是应用重金属钝化剂，通过氧化还原、沉淀、吸附、配合等化学反应，改变重金属在土壤中的赋存形态，降低重金属在土壤中的可迁移态和生物有效态含量，达到降低重金属生物有效性的目的。

采用合适的灌溉方式，也能促进植物对重金属吸收，减弱土壤重金属污染。例如：相比常规灌溉，滴灌条件下腐殖酸修复重金属镉污染土壤更能减少重金属对地下水的危害。

习　题

6-1　矿山固体废弃物高值化利用的概念及进行矿山高值化技术利用时遵循的原则是什么？

6-2　微晶玻璃常见分类及各自特点分别是什么？

6-3　简述三种微晶玻璃的制备方法。

6-4　简述煤矸石酸法和碱法提取 Al_2O_3 的工艺流程，分析两种方法的异同之处。

6-6　碱激发胶凝材料形成机理有哪几种？分别详细说明。

6-7　简述粉煤灰磁化肥的生产工艺流程，及粉煤灰磁化肥作为一种新型肥料的增产优势。

6-8　粉煤灰磁化肥作为土壤改良剂应用时如何做到对土壤活性进行改良？请从物理性质、化学性质及微生物方面分析。

6-9　结合本章学习，请你从自身专业角度出发分析矿山固体废弃物高值化利用的现实意义。

7 矿区土地复垦

矿区土地复垦又称土地复垦，是指采矿权人按照矿产资源和土地管理法律法规的要求，采取整改措施，对矿山建设和生产过程中因挖损、塌陷等受损的土地进行修复，使其恢复可利用状态的活动。

7.1 矿区土地复垦规划和设计

矿区土地复垦规划是指在一定期限内对矿区土地进行复垦的整体安排。规划需要综合考虑多个因素，包括采矿企业的发展规划和矿产资源开发计划，以及当地的自然、经济和社会条件等。根据这些因素，规划决策需要确定复垦的项目、进度、工程措施及复垦土地的用途和生态类型等。矿区土地复垦设计是在规划的基础上进行的具体安排和计算。设计阶段需要详细考虑复垦工程的量、平面布置、技术参数等。

7.1.1 矿区土地复垦规划与设计的意义

矿区土地复垦规划与设计的意义主要表现在以下几个方面。

（1）规避复垦工程的盲目性，没有经过规划和设计的复垦工程往往存在盲目性，可能存在几方面问题：1）可能在塌陷不稳定区进行大量土方工程；2）片面追求高标准；3）盲目对塌陷积水区采取回填措施。通过合理规划土地复垦工程，可以避免盲目施工，充分利用区域自然资源的优势，正确选择复垦方向，避免复垦无产出或产量少的局面。

（2）确保矿区土地利用结构和生态系统结构更趋合理。矿区土地复垦是土地利用总体规划的重要组成部分，也是土地利用的专项规划。通过制定合理的矿区土地复垦计划，可以使矿区的土地生产力和采后生态环境回归原有水平，甚至提高到更高水平。

（3）确保土地部门对土地复垦工作的宏观调控。土地管理部门可以通过审定土地复垦规划，对土地复垦方向实行宏观调控。特别是在人多资源少的国情下，土地管理部门可以优先复垦为耕地，以更好地满足社会经济的发展需求。通过宏观调控，可以确保土地复垦工作与整体经济社会发展相协调。

（4）确保土地复垦项目时空布局的合理性。土地复垦规划实质上是对复垦项目的时间顺序和空间布局进行合理安排。通过规划和设计，可以在时间上将复垦项目纳入企业生产发展规划，在不同的生产阶段完成不同的复垦任务。在空间上，根据土地破坏的特点，将土地复垦分为不同的用途。

综上所述，矿区土地复垦通过合理规划和设计，可以实现矿区土地的可持续利用和生态环境的恢复。

7.1.2　矿区土地复垦规划设计应遵循的原则

根据矿山开采对环境影响的具体特点，矿区土地复垦规划设计应遵循坚持源头治理、防治和复垦相结合，统一规划、统筹安排、因地制宜、农业优先的治理原则。具体原则如下：

（1）遵守各级土地利用规划和国家土地政策和法律。

（2）坚持“边生产、边复垦”的原则，着力修复生态环境，尽可能恢复原有的土地结构和土壤质量。

（3）复垦方法应正确合理，因地制宜，以复土归原为主，复土他用为辅，具有明确的针对性和可操作性，并尽量避免对环境的二次破坏。

（4）兼顾生态效益、经济效益和社会效益，追求综合利益最大化。

7.1.3　矿区土地复垦规划设计的基本程序

制定矿区土地复垦规划设计的基本程序如图 7-1 所示。矿区土地复垦规划设计的基本程序见表 7-1。

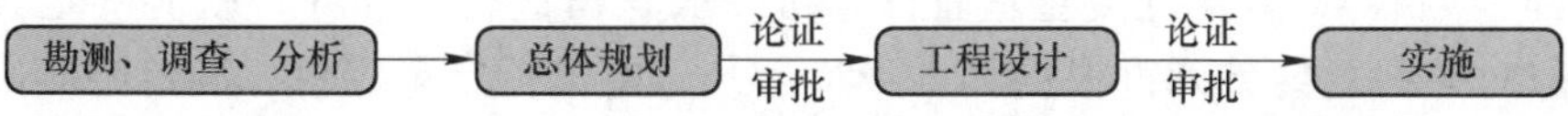

图 7-1　复垦规划设计的基本程序

表 7-1　矿区土地复垦规划设计的基本程序

基本程序	内　　容
勘查、调查与分析	勘查、调查与分析的目的是明确复垦的性质，获取制定规划所需的基础资料。勘查、调查与分析包括对矿区的地质、土壤、水文、生态等方面进行详细调查，收集数据和图纸
总体规划	总体规划是在勘查、调查与分析的基础上制定的，需要确定复垦的范围、时间、目标和任务。通过将复垦对象进行分类、分区和分阶段实施，制定总体方案，并进行投资效益预算。总体规划需要实现部门间的协调和论证，以形成可行的规划方案。最终成果通常包括规划图纸和规划报告
复垦工程设计	复垦工程设计是在总体规划的基础上对近期要实施的复垦项目进行详细设计。设计需要遵循可操作性原则，确保施工部门能按照设计图纸和说明书进行施工
审批实施	无论是总体规划还是复垦工程设计，都需要经土地管理部门和行业主管部门批准后方可实施。一旦复垦项目实施完成，土地管理部门需要对其进行检查验收，以确保符合规划和设计的要求。土地使用者还需要对复垦土地进行动态监测和管理，以保持复垦效果的可持续性

7.1.4　矿区待复垦土地的适宜性评价方法

7.1.4.1　适宜性评价的概念与意义

土地复垦适宜性评价是对破坏土地采取复垦工程措施的风险性与可行性进行的分析过程。因为破坏土地的复垦存在可垦或不可垦及复垦工程难易程度不同的问题。

可行性分析是根据待复垦土地破坏现状、区域地质开采条件及采取复垦措施的风险分析而进行复垦工程的可行性评估，是土地复垦规划中的特有环节。

土地复垦适宜性评价可以科学合理确定复垦区的顺序和复垦后的土地利用方向，为合理制定区域或专项土地复垦规划服务。可行性分析结果是确立复垦项目立项与否的依据，是选择复垦技术工艺的基础。例如，对未稳定的区域可安排在复垦的最后工期内，也可设定特殊工序及工程措施进行复垦。所以，依据可行性分析可有效地选择适宜的复垦技术。

7.1.4.2 适宜性评价的流程

在土地复垦过程中，适宜性评价起着重要作用。它是以损毁土地为评价对象，综合考虑被评价土地的自然条件、损毁类型和程度等因素，对复垦土地进行评价单元划分和适宜性评价，以确定损毁土地的复垦方向。

适宜性评价的基本流程包括定性分析和定量评价两个阶段：（1）通过对相关政策、自然条件、社会经济状况、损毁类型及程度、公众意愿及已复垦案例或周边同类项目的类比分析等定性分析，确定评价单元的初步复垦方向；（2）合理选择评价指标、评价方法、评价体系和评价标准，进行适宜性等级定量评定，根据评价结果进行方案的优选，确定最终复垦方向。

虽然基本流程包括定性和定量两个过程，但不同类型的生产建设项目及不同的评价单元，其土地复垦适宜性评价流程也有所不同。对于某些生产建设类项目，如石油、天然气（含煤层气）项目等，其土地复垦适宜性评价一般只需进行定性评价就能确定其最终的复垦方向，但对某些复垦单元，根据其自身特点，需要进行定量评价，确定限制因素，指导复垦措施。

（1）土地复垦适宜性评价的前期调查与资料收集。主要包括：项目区自然条件，项目区经济社会状况，相关政策文件，公众参与意见，土地利用现状和土地损毁情况，邻近类似项目复垦案例。

（2）土地复垦适宜性评价的评价单元划分。在进行土地复垦适宜性评价时，评价单元的划分是十分重要的步骤。评价单元是指土地自然属性和社会经济属性基本一致的空间客体，用于研究和评价土地的适宜性和可行性。评价单元的划分需要满足的基本要求有：1）单元内部性质相对均一或者相近；2）单元之间存在差异性，能够客观反映一定时期、一定空间内的土地差异；3）具有一定的可比性。

土地复垦适宜性评价单元划分与一般土地适宜性评价有所不同。复垦土地通常是曾经发生过人为活动或被破坏的土地，需要进行修复和再利用。在进行复垦适宜性评价时，评价对象的范围较小，且存在人为扰动，土地利用类型和土壤类型相对单一，单元内部的性质比较均匀或相似。根据复垦土地损毁情况分析，复垦土地损毁类型和损毁程度不同，因此可以根据复垦区土地损毁类型、程度和限制因素来划分土地复垦适宜性评价单元。主要有以下几种划分方法：

1）按损坏类型划分。将复垦区损毁的土地根据不同的损坏类型进行划分，比如挖损、塌陷和压占等，以便更好地评价和管理各种损坏类型的土地。

2）按损毁程度划分。将损毁的土地根据损毁的程度划分为轻度损毁、中度损毁和重度损毁三个单元。这种划分方法能够细化不同程度的损坏，有助于制定恢复和复垦措施。

3）按生产建设用地类型划分。将损毁的土地根据其将要用于的生产建设用途进行划分，比如将金属矿项目损毁用地划分为采矿场、排土场、尾矿场和其他用地等单元。这样的划分可以更好地了解不同类型的损毁土地在复垦中的具体要求和措施。

4）综合划分的方法。将上述划分方法中的相关图层进行叠加合并，形成综合的评价单元。比如将损毁类型图、损毁程度图、用地类型图、土地利用现状图和限制因素等图层进行叠加合并，以形成更全面的评价单元。这种方法能够综合考虑多个因素，更全面地评估复垦的需求和措施。

对于面积较小、自然属性差异较小的损毁区域，可以采用单一图斑作为评价单元。但是对于占地面积较大或自然属性差异较大的损毁区域，单一图斑作为评价单元可能无法反映土地适宜性的客观规律。在这种情况下，可以综合考虑损毁类型、程度、限制性因素、复垦工程措施及土地利用类型等因素，将它们结合起来划分评价单元，以更好地指导土地复垦工作。

另外，由于土地损毁具有时效性，在不同时间段损毁类型和程度都不一样。根据土地利用的现状、生产进度及土地损毁预测结果，并结合项目区土地利用的总体规划，不同时期应采用不同的单元划分标准。

(3) 确定初步复垦方向。对于土地复垦的适宜性评价，需要以特定的复垦方向为前提进行评估。这是因为不同的复垦方向可能对土地开发和恢复起到不同的作用，需要有针对性地制定评价指标和方法。初步复垦的方向主要是根据项目区域的政策导向、社会经济需求、公众意愿及自然条件等方面的资料，进行定性分析来确定。

7.1.4.3 适宜性评价方法

常用的土地适宜性评价方法有极限条件法、综合指数法及综合模糊评价法等。

A 极限条件法

极限条件法是基于系统工程中的“木桶原理”，依据最小因子定律，即评价单元的适宜性及等级取决于条件最差的因子的质量，公式为：

$$Y_i = \min(Y_{ij})$$

式中，Y_i 为第 i 个评价单元的最终分值；Y_{ij}为第 i 个评价单元中第 j 个参评因子的分值。

该方法是一种较为常用的土地复垦适宜性评价方法，适用于破坏严重、原有地貌彻底改变的评价对象，如露天开采的各评价单元、井工开采形成的排矸场、选矿中形成的尾矿库等。

B 综合指数法

综合指数法首先分别按耕、林、草等各类土地选定 n 个适宜性评价因子，并由专家根据经验去判断或采用一定的方法，计算公式为：

$$R(j) = \sum_{i=1}^{n} F_i W_i$$

式中，$R(j)$ 为第j个评价单元的综合得分；F_i 为第 i 个参评因子的等级指数；W_i 为第 i 个参评因子的权重值；n 为参评因子的个数。

还需结合极限条件法进行评定，即只要评价单元的某一参评因子指标值为不适宜时（等级指数为0），不论综合得分多高，都定为不适宜土地等级。该方法适用于破坏后原有土地利用仍然存在，评价单元较多，且不同单元之间差异较大，基础数据较为全面的土地破坏地区，如大面积的土地沉陷区、裂缝分布区等。

C 综合模糊法

复垦土地的适宜性评价中涉及的许多因素和因子具有很大的模糊性，用传统理论和方法进行评价，难以得到正确的评价结果，不少学者利用模糊技术来提供帮助。综合模糊评价法（或称模糊综合评价法）是指应用模糊数学的方法对带有精确值、区间值和语言值的评价因素统一进行处理，来进行土地复垦适宜性评价。

在评价土地复垦适宜性时，需要考虑两个论域：

适宜性等级论域 V 将土地适宜性分为高度适宜 A、中等适宜 B、勉强适宜 C 和不适宜 D 四个等级，$V=\{A, B, C, D\}$。

适宜性评价因子论域 U

$U=\{E, F, G, H, I, J, K, L, M\}$，其中 E～M 表示选取的评价因子。在土地复垦适宜性评价的实践中，常选的评价因子有：塌陷深度、土壤状况、坡度、土源保证率、灌溉条件、排水条件、污染状况、土地稳定性、自然状况等。

模糊综合评价法充分考虑到各种评价因子指标的模糊性及其对土地质量影响的模糊性，而且土地质量本身的“好”与“较好”也无截然界限。其缺点是仍然需要事先确定评价因子指标体系，结果存在人为影响。

7.2　矿区土壤的重构和修复

7.2.1　矿区土壤重构

土壤重构（soil reconstruction）是对工矿区等受到破坏的土地，以恢复或重建土壤为目的的一系列技术和措施。其目标是通过适当的采矿和重构技术，应用工程措施及物理、化学、生物和生态措施，重新构建一个适宜的土壤剖面、土壤肥力条件和稳定的地貌景观，在较短的时间内恢复和提高土壤的生产力，并改善土壤的环境质量。

土壤剖面重构是土壤重构技术的核心，它涉及土壤的物理介质和剖面层次的重建，对于重构土壤质量起着至关重要的作用。土壤剖面重构是采取一系列有效的措施来保护和构建表土层，包括合理的剥离、储存和回填等开采和改造工艺，以创造有利于土壤剖面发展和植被生长的土壤环境和物理环境。

根据矿区土壤损毁特征，可以将土壤剖面构型分为土层损毁型、土层结构紊乱型和土层污染型。对于这三类土壤，可以采取不同的土壤剖面重构技术进行修复和改善。

（1）土层损毁型（见图 7-2）的土壤剖面构型通常是采矿等导致土壤层次缺失或严重损毁。为了重构这种类型的土壤剖面，一种常见的方法是使用表土替代法，即将适当比例的表土与其他土壤材料混合制成表土替代品。如可以将表土、黄土和轻度黏土按照质量比 2∶2∶1 的比例进行混合制备表土替代品并添加有机物和微生物等改良剂。改良剂的添加可以增加土壤中的营养物质和微生物含量，从而加速土壤的熟化过程。这种重构方法对于植物的生长有显著的促进作用。例如，在紫花苜蓿种植实验中，表土替代品的应用使植株高度增加了 77.78%。在进行土壤剖面结构重构时，需要适当增加表土层的厚度，建立适合植物生长的表土层。一般来说，表土层的厚度应保持为 60～70 cm，以确保植物能够正常生长。通过表土替代和客土覆盖等方法增加表土层的厚度，有助于提高表土层的有机质和营养物质含量，能够在短时间内促进植物生长，具有一定的修复效果，对于解决采矿挖空所导致的土壤层次缺失和塌陷问题非常有效。

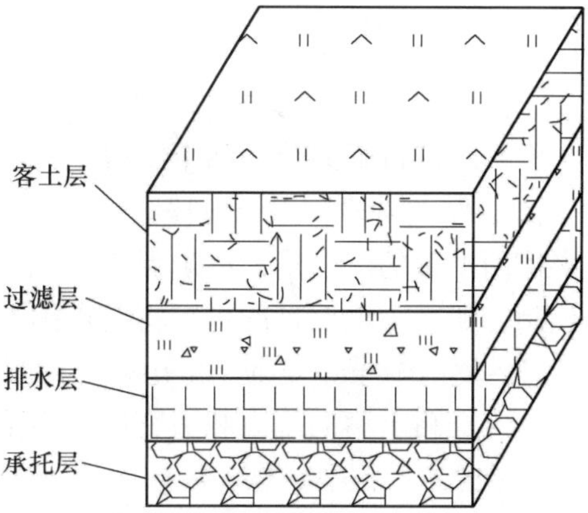

图 7-2 土层损毁型土壤剖面构型

(2) 结构紊乱型（见图 7-3）的土壤剖面构型通常是由于采矿等人为活动引起的土壤层次扰动和紊乱。这种紊乱导致土壤质量和肥力显著降低。在当前煤矿沉陷区的土壤剖面结构中，一种常见的配置是“土壤层+充填层”的双层剖面结构。如使用黄河泥沙沉积物作为“上土下沙”双层土壤剖面结构的充填材料。充填的黄河泥沙层厚度为 80 cm，上部覆盖 40 cm 的表土。但是双层剖面结构的含水量仅为正常农田含水量的 43%，农作物产量仅为正常农田的一半。这表明双层土壤剖面结构的保水和保肥能力较差，抑制了农作物的生长。

为了改善这种情况，可以采用夹层式填充重构土壤剖面的方法。如以黄河泥沙作为填充材料，表土为粉黏土，心土为黏土，并在 60 cm 厚的黄河泥沙中的不同位置夹入 20 cm 厚的心土。研究结果显示，距离表土 60 cm 的心土夹层是黄河泥沙夹层式填充重构的理想选择。这种构型的水分入渗特性和土壤持水特性更接近普通农田的情况，表明夹层式多层复合土壤结构方法能够重塑土层结构，改善土壤剖面的水分和养分运输，并提高重构后土壤剖面的保水效果。这种方法为优化黄河泥沙夹层式土壤剖面设计提供了一种经济高效的解决方案。对于指导黄河流域采煤塌陷地的黄河泥沙夹层式填充复垦技术的应用推广，具有积极的作用。

(3) 土层污染型土壤剖面构型（见图 7-4）是由于工矿企业排放的废水、尾矿渣、危险废品等引起的土地污染。对这种污染土壤进行生态恢复时，回填表土和客土覆盖可以提供良好的土壤条件，这些方法的关键在于找到合适的土源并确定覆盖的厚度和方式。对于污染型土壤剖面的重构，应根据土壤剖面结构进行分层构造阻隔层。

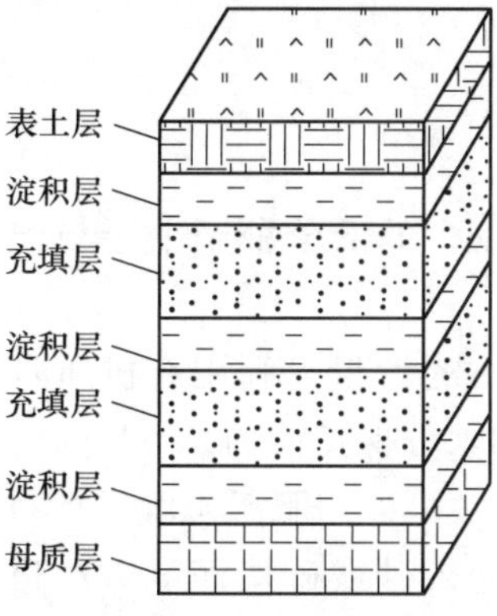

图 7-3 结构紊乱型土壤剖面构型

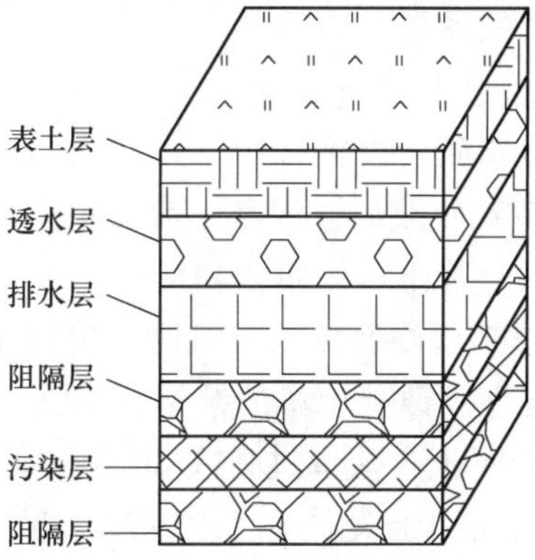

图 7-4 土层污染型土壤剖面构型

7.2.2 重构土壤的改良

7.2.2.1 土壤改良过程

土壤改良过程共分为两个阶段。

（1）保土阶段：保土阶段是土壤保护的首要步骤。在保土阶段，采取工程或生物措施来控制土壤的流失量，以确保土壤流失量处于可接受的范围内。如果土壤流失得不到有效控制，那么土壤改良的进行将变得困难，甚至无法取得显著效果。

（2）改土阶段：该阶段的主要目的是通过增加土壤的有机质和养分含量，改良土壤性状，以提高土壤的肥力和适宜性，为植物的生长提供更好的土壤环境。

7.2.2.2 土壤改良措施

未污染土壤的改良主要是围绕水土保持和培肥地力等措施展开，通过改良措施，使重构土壤肥力达到植物种植和生长要求。

A 耕作改良措施

耕作土壤改良是指通过改进耕作方式，达到土壤改良的方法。具体的改良措施有：通过客土、漫沙、漫淤等措施，改良过沙过黏土壤；合理安排树木种植，充分利用土壤资源；有计划地轮作换茬，合理安排种植不同的蔬菜，考虑不同蔬菜的吸肥特点、根系深浅和分泌物的酸碱性等特点，减少病虫害风险。

B 水利改良措施

开展农田基本建设，通过明沟或竖直排水，降低地下水位；建立沟、路、渠网解决灌溉问题及平整土地；清理河道，漫淤覆盖改土，改善土壤水分状况。

C 定期土壤消毒措施

（1）药剂法：通过福尔马林拌土或硫黄粉进行土壤消毒，达到有效杀灭病菌和虫卵的目的。

（2）日光法：在夏季闲茬时期，可以通过深翻土壤使之暴露在高温环境中，利用紫外线的杀菌作用，减少病菌的存活。

（3）高温法：在高温季节，可以采取灌水、暴晒、土壤通热蒸汽等方式，杀虫灭菌。

（4）冷冻法：在冬季严寒时期，可以通过深翻土壤使之暴露在低温环境中，冻死病虫卵和杂草的种子。

D 改良土壤质地措施

改良土壤质地措施有：

（1）蔬菜收获后，深翻土壤，把土壤下层含盐较少的部分翻至上层与土壤表土充分混匀，可以改善土壤的质地和结构。

（2）适当增施腐熟的有机肥，以增加土壤有机质的含量。利用有机质具有的良好保水性和保肥性，改善土壤的结构，增强土壤的肥力和水分保持能力。

（3）表层土含盐量过高或 pH 值过低的酸性土壤，可以用肥沃土壤进行替换。

（4）当新构土壤质地过砂或过黏时，可以采用泥入砂或砂掺泥的方法进行改良。泥质土可以增加砂质土壤的黏性和保水性，而砂土的添加可以增加泥质土壤的透水性和透气性，从而改善土壤质地，使其更适合植物生长。

E 以水排盐措施

以水排盐措施有：

(1) 在闲茬时，采取浇大水的方法，降低土壤溶液的浓度。

(2) 在夏季蔬菜换茬空隙，采取淋雨或大水浸灌的方式，使土壤表层盐分随雨水流失或淋溶到土壤深层，达到土壤改良的目的。

F 科学施肥

科学施肥的方法如下。

(1) 根据土壤养分状况、肥料种类、植物及农作物需肥特性，确定合理的施肥量和施肥方式。一般而言，建议以有机肥为主要肥料，通过有机肥的施用来改善土壤结构和提供基本养分，同时根据作物的需求合理配施氮磷钾肥。在施用化学肥料时，应注意基肥的深施和与有机肥的混合，将化学肥料深埋到根系可达范围内，有助于避免养分的流失和浪费。与有机肥混合施用可以提高施肥效果和减少对土壤的负面影响。对于追肥，应采取“少量多次”的原则，根据作物的生长阶段和需求进行分次追肥，避免一次过量施用肥料。此外，长期使用同一种肥料，特别是含氮肥料，容易导致养分不平衡和土壤质量下降，因此应注意轮作和交替使用不同种类肥料。

(2) 科学选肥。应采取生理酸性肥料与生理碱性肥料合理交替搭配。当土壤已酸化或必须施加酸性肥料时，可在肥料中加入生石灰调节土壤的酸碱性；当土壤酸化严重并需要迅速提高 pH 值时，可在土壤中施加熟石灰，用量应控制为生石灰的 1/3~1/2，同时不可对正在生长植物的土壤施用，避免对植物造成伤害。

(3) 提倡根外追肥。根外追肥是指将肥料施加在植物根系较远处，通过水分和土壤活动将养分输送到根系区域，造成土壤破坏的风险较小。

(4) 慎施微肥。微肥指微量元素肥料，如铁、锌、锰等。一般情况下，可以通过有机肥来提供植物所需的微量元素，施用微肥注意不要过量，以免造成土壤污染和养分不均匀。

G 农业生态措施

农业生态措施有以下几种。

(1) 采用作物秸秆还田，既可熟化土壤，又可保墒保土。具体有三大类：直接还田、堆腐还田、过腹还田。

1) 直接还田是指将农作物的秸秆直接回归到田地上，对土壤进行肥料补给的一种方法。秸秆中富含植物所需的多种微量元素和主要元素，可以提供必要的有机物质，改善土壤的物理化学性质，促进土壤的保水能力和保肥能力，提高作物产量。

2) 堆腐还田是将秸秆进行堆肥处理后再还田。通过粉碎的秸秆与人产生的粪、尿等有机物堆积成堆，经过微生物的分解和转化，逐渐矿物化和腐殖化，提高土壤的有机质含量，促进速效养分的释放，增加土壤的肥力和水分保持能力，从而提高农作物的生长和产量。堆腐还田需要一定的堆肥时间，一般需要 3 个月以上。

3) 过腹还田是利用畜牧动物，将秸秆和其他饲料消化后形成粪便进行还田。经过动物的消化道，秸秆中的养分被分解和转化为有机肥料，富含主要元素和微量元素，且具备较高的养分含量和更容易被植物吸收利用的特点。过腹还田还可以促进畜牧业的发展，提高农作物的生长，形成“粮食—秸秆—饲料—牲畜—肥料—粮食”的良性循环，为土壤提供了丰富的有机质和养分。

(2) 采用腐殖酸肥料和有机肥料。矿山土壤改良常选用的有机肥料主要分为两类：一类为生物活性有机肥料；另一类为生物惰性有机肥料。这些有机肥料相对稳定，不易分解，含有丰富的腐殖酸等有机质。具有良好的吸附性能，能够吸附土壤中的阴阳离子，增强土壤的离子交换能力和缓冲能力。此外，它们还能降低土壤中盐分的浓度，改善土壤的盐碱性问题。

(3) 复垦土壤一般肥力低下，养分不足，可种植绿肥。绿肥是一种用于改良土壤的快速生长的植物，通过种植这些绿肥植物，可以增加有机质的含量、改善土壤结构，并修复土壤中的养分缺乏问题，还可以利用绿肥作为青饲料发展养殖业。

H 植物修复措施

植物修复主要包括水生植物与土壤植物修复两种。在矿山土壤复垦中，大多采用土壤植物修复。在污染的土壤上种植一些固氮能力强、成活率高、耐毒性的植物，可以达到土壤修复的目的。植物修复技术在毒性不高的环境条件下应用较为广泛，如豆科植物（合欢、槐）通过与根瘤菌的共生，能够将大气中蕴含的氮素固定起来，是植物修复首选的植物。

I 土壤动物措施

土壤动物在改良土壤结构、增加土壤肥力方面起着重要作用，同时在分解物质、促进营养物质的循环方面起着不可替代的作用。土壤动物是食物链中的初级消费者和分解者，作为生态系统食物链中不可缺少的组分，对维持土壤生态系统的健康和功能具有重要意义。矿山植被恢复取得阶段性进展后，可在土壤中培养某些低等动物。这些低等小动物的活动可以改善土壤的物理结构，增加土壤的孔隙度，起到活土的作用。以蚯蚓为例，它广泛分布于各类土壤中，不仅可以富集并处理土壤中的重金属，降低土壤中的重金属含量或使其钝化失去毒性，还能显著提高土壤中氮、磷、钾等有效营养成分的含量，提高土壤肥力，通过分解有机物质，促进碳氮循环，达到土壤修复和改良的目的。

J 微生物修复措施

微生物修复是指利用微生物的生命代谢活动，降低有毒、有害物质在土壤环境中的浓度或将土壤完全无害化，从而使被污染的土壤环境部分或完全恢复到原始状态的过程。在复垦区土壤的综合治理和改良中，微生物改良技术是一项重要的技术措施。该技术通过将微生物接种到新种植的植物中，利用微生物的特殊特性和生物活性，改善植物的营养条件，促进植物的生长发育。同时，垦殖区土壤的微生物活性也因植物根际微生物的生命活动而得以恢复，从而形成植物间相互促进生长的共生关系。微生物的代谢活动有助于土壤基质的改善，使生土熟化，提高土壤肥力，加快复垦进程，实现土地的可持续利用，加速复垦地土壤向农业土壤的转化。目前修复措施包括：添加营养、接种外源降解菌、生物通气、土地处理、堆肥式处理等。

7.2.2.3 人造土壤

人造土壤是利用矿山、建筑行业等产生的固体废弃物和各种有机物质为原料，经过一系列加工处理过程而制成的土壤替代品，符合植物生长的基本要求。

人造土壤能够提供适当的水分和气体交换环境，为植物提供生长所需的水分和氧气。此外，人造土壤的肥力也能满足植物生长的基本要求，以支持植物根系的生长和养分吸收。从土壤改良剂的角度，人造土壤也可以说是土壤改良剂比例达到100%时的一种特殊类型。

7.2.3 污染土壤治理与修复

近年来，大量的工、农业生产活动致使土壤中的重金属含量超标，造成的土壤环境污染问题日益严重，对人体健康造成危害。重金属是指密度大于4.5 g/cm^3 的金属，具有易富集、难降解的特点。造成土壤污染的重金属元素主要有汞、镉、砷、锌、铜、镍等元素。

治理被污染的土壤，是指对土壤污染物含量进行削减、净化或降低其有害性的过程。目前国内外重金属污染土壤治理与修复技术主要有物理法、化学法、生物法等，也可以多种方法进行结合。针对矿山土壤的主要污染物——重金属，污染土壤的治理和修复主要是降低土壤中重金属含量和土壤的毒性。

7.2.3.1 物理法

A 客土、换土法

客土、换土技术是将受污染的土壤，通过深翻土壤到土壤底层或将受污染的土壤置换成干净土壤，降低土壤中污染物的总体含量，提高土壤环境总体容量，达到有效隔离土壤，改良土质的效果。

B 热解吸法

热解吸法是指利用污染物的挥发性，运用红外辐射、微波、蒸汽等技术处理污染的土壤，再运用载气或真空负压结构去除土壤重金属。热解吸法可以分为高温热解吸法和低温热解吸法，高温热解吸法的温度为320~560 ℃，低温热解吸法的温度为90~320 ℃。以汞、砷重金属为例，采用该方法可以将它们从受污染的土壤中挥发出来。

C 填埋法

填埋法是在人工改造的场地上或自然条件适宜的天然产地上，通过构建一系列的收集和覆盖措施将污染土壤密封隔离，同时对密封隔离的土壤制定修复技术，确保污染物质不会对附近的环境造成二次污染。

7.2.3.2 化学法

化学浸出是指运用化学溶剂对土壤进行处理，分离土壤内的污染物，并运用沉淀、螯合、离子交换等方式将污染物转移到化学溶剂中。使用的化学溶剂主要有螯合剂、表面活性剂等。一般情况下，土壤内的污染物种类众多，仅使用一种萃取剂难以萃取所有污染物，需要加入不同的萃取剂。并且，多种试剂的混合可能为处理某些污染土壤提供更为经济可行的方案。

7.2.3.3 生物法

A 植物修复

植物修复是利用能忍耐和超富集某种或多种重金属的超富集植物来修复重金属污染土壤的技术总称。植物挥发、植物提取和植物固定是植物修复的三种主要方式。

（1）植物挥发作用。植物挥发指的是植物通过根系分泌特殊物质或与微生物共生合作的方式，将土壤中的某些重金属或有机污染物转化成挥发性形态，或者吸收后将其转化为气态物质并释放到大气中。例如，土壤中的汞、砷重金属，可以通过植物挥发作用治理。

（2）植物提取作用。植物提取是指利用某些特殊植物根系吸收土壤中的污染元素，将其转移到植物地上部分。土壤中的污染物质被植物的根系吸收，并将其积累在植物体内，再收割地上部物质，可以有效减少土壤中的污染物质含量。

（3）植物固化作用。植物固化是通过植物根际的特殊物质作用，将土壤中的污染物转化为相对无害物质的生物修复技术，同时由耐重金属植物或超积累植物降低重金属的活性，使其发生钝化从而减少金属被淋滤到地下水或通过空气扩散进一步污染环境的风险。例如，通过调节土壤的 pH 值，可以导致重金属的沉淀和结合，从而减少其在土壤中的可溶性。

B 微生物修复

微生物虽然不能破坏、降解重金属，但是可以改变其存在形式，实现重金属的转化和迁移。微生物修复机制包含沉淀、胞外络合、胞内积累和氧化还原反应等。微生物治理或修复土壤是指利用土著微生物、外来微生物和基因工程菌，在适宜的环境条件下，促进或强化微生物降解功能，从而达到降低土壤中有毒污染物活性或转化成无毒物质的技术方法。

在微生物修复过程中，选择合适的微生物菌种是取得良好修复效果的前提。土著微生物存在生长慢、代谢活性不高、适应性强等特点。在实际应用中，大多数微生物修复工程仍然依靠土壤中现存的土著微生物。引入外来微生物可以提高有机物的降解速率，但引入的外来微生物与土著微生物存在竞争关系，增加外来微生物接种量可以帮助其在竞争中取得优势。还可通过基因工程手段改良微生物菌株，扩大其降解范围，提高降解能力。微生物修复过程与氧气、温度、湿度和 pH 值等因素密切联系，但一些微生物只能降解特定的污染物，微生物酶可能会对环境产生二次污染。

微生物治理或修复土壤方法具有处理方式多样、可原位治理的特点，能最大限度降低污染物浓度，对环境影响小，处理成本低，适应性强。

7.3 矿区土地的植被重建

恢复矿区生态环境的关键在于正确评价废弃地的类型和特征，并进行植被恢复。森林植被在山地和丘陵地区可以充当天然屏障，保护生态环境，而且具有良好的根系和植物结构，能够防止水土流失和土壤侵蚀，保持水源的稳定性。通过植被恢复，可以提高地表植物的覆盖率，促进生物群落复生。同时，生物群落复生还能促进土壤中有机质的分解和养分的富集，改善土壤质地和肥力。植被恢复对于废弃地表层土壤起到明显的保水作用，可防止水土流失。人工植被的建立对于污染土地的修复和地貌景观的美化也非常重要。通过选择适宜的植物种类和种植方式，可以吸收并转化土壤中的有害物质，帮助土壤恢复健康状态。同时，合理规划和设计植被布局和景观结构，可以提升矿区生态环境的美观性和生态价值。随着植被的恢复，矿区生态系统内的动物和微生物也会逐渐丰富。各个生物群落之间相互作用，形成复杂的食物网和物质循环网络，从而实现生态系统的自我维持和平衡发展。

因此，植被重建在矿区生态系统的复垦和重建中起到至关重要的作用，能够促进生态环境的稳定和良性循环的实现。

7.3.1 矿山复垦土地植被重建品种选择

矿山复垦区虽经过土壤重构，但是其植物的生长土壤环境与损毁前相比，还是有着很大差异，因而，必须根据重构土壤土质理化特征、水利化程度（灌溉保证率）、小区域先锋植被等因素，选择适宜的植被物种，以确保植被重建目标的顺利实现。

首先，要对土壤中的污染元素和物化、生化性质进行详细分析。在土壤分析的基础上，了解土壤的 pH 值、地表水、通气性、氮素含量和温度等基础因素，这些因素将有助于确定植物物种的选择范围。树种选择符合以下特点的树种：

（1）生长快、适应性强、抗逆性好的树种。

（2）固氮能力强的树种。

（3）优良的乡土树种、先锋树种或引进的速生树种。

（4）具备高经济价值的多功能效益树种，如根系发达、培肥矿土和保持水土效果好的树种。

根据有关研究资料，矿区生态恢复较适宜的树种见表 7-2。

表 7-2　不同地区的适宜树种

地区	适宜树种
东北地区	小叶杨、旱柳、大黄柳、家榆、小黑杨、垂柳、皂角等
华北地区	臭椿、法桐、柳、柏树、银杏、丁香、苹果、山楂、桃等
西北地区	家榆、榆叶梅、桃叶卫茅、小叶丁香、银杏、臭椿等
华中、华东地区	马尾松、加拿大杨、泡桐、旱柳、毛白杨、火炬树、臭椿、白榆等
华南地区	圆柏、藏柏、华东松、栎树、圣诞树、黑荆、蓝桉等

由于植物对不同污染物的适应性各不相同，在植被重建时，要考虑污染物的类型和程度、地域及植物耐性等有关因素，选择生态适应性良好的植被。另外，微生物在生态系统的恢复中起着重要作用，在植被重建过程中，需要注意土壤微生物的恢复，以促进植物对营养元素的吸收利用。根据选择的植物种类的特点、矿场的地貌特点和水土保持要求，设计合适的植物群落结构。考虑植物的层次结构和优势度，从上层到下层确定最初植物种群组合。

7.3.2 矿山土地复垦植被重建工程技术要点

在矿山土地复垦中，植被重建工程营造的林地按功能划分为水土保持林、水源涵养林、农田牧场防护林、护路护岸林等。它们在树种选择、营造方式、营造模式、种苗、营造技术方面都有所不同。从造林作业的角度考虑，在正确进行树种选择后，可就整地、种苗处理、造林时间安排、播种和栽植、后期抚育与管护环节进行设计并制订相关的技术要求。

7.3.2.1 植被工程设计

根据矿山复垦区实地调查情况及最终确定的复垦方向，进行整地、种苗处理、植被播种或栽植之前应进行植被重建工程设计。设计内容主要包括工程类别确定、植被配置、苗木规格和种植密度确定等几方面内容。

A 工程类别的确定

在矿山土地复垦中，植被重建工程类别的确定主要包括两方面内容：（1）植被重建的生态系统类型，主要由土地复垦适宜性评价确定的复垦方向决定；（2）植被重建植物品种，根据水利化程度（灌溉保证率）、小区域先锋植被等重构土壤特征，选择适宜的植被物种。

植被重建工程类别与其生态系统类型的关系见表 7-3。

表 7-3 植被重建工程类别与其生态系统类型的关系

生态系统类别	农田生态系统	森林生态系统	园林生态系统
复垦方向	以耕地、坑塘为主	以林地、草地为主	以林地、草地、园地为主
适用区域	平地、防风林带、经济林	坡地，粉尘污染区，湿地处理区，公路、铁路四周	生活区，工业广场，公园复垦，建筑复垦，公路、铁路两侧
功能	培肥土壤、治理侵蚀，获得经济效益	涵养水源、保护土地、保护动物、净化大气、净化土壤	保持风景、保健修养
特点	绿肥植物或经济林	森林植物	造园植物
	种子繁殖或育苗繁殖	种子繁殖或育苗繁殖	苗木或大树移植
	调整植物间的竞争	调整植物的竞争	抑制植物间的竞争
	禁止植物侵入	植物侵入迁出不限制	植物侵入迁出有限制
		短期成林	迅速使树木、花草丛生
	完成植被重建工作可靠，且费用少	完成植被重建工作可靠，且费用较少	完成植被重建工作可靠，但费用较高
	保护管理完全是人工的，但比较粗放	保持管理是人工的自然变化	保护管理植物精细彻底

B 复垦区植被配置

目前矿区用于生态修复的植物主要是草本植物。一方面，在矿山修复过程中，种植草本植物具有恢复效果好、水土保持能力强、投资相对较低的优点。另一方面，还要考虑植被发育规律、不同植物的不同种植密度和种植方式，建立灌木单作、草灌混合、草种混合等多种配置模式。通过选择抗旱性和抗荒性优异的乡土植物，可以提高矿山植被恢复的效果。

为实现矿区植被恢复，需要考虑不同植物种类的比例。表 7-4 表明，可以利用植被覆盖面积中各植物物种平均丰度值之比确定乔木、灌木和草本植物分配比例。一般而言，在选择植被配置的树种时，应选择适应性强、生长快、抗旱性强的原生草本和灌木。建议在植被生长的场地条件得到有效恢复或植被群落结构趋于稳定后，适当种植树木。

表 7-4 不同立地条件下恢复丰度阈值和植株分配比例

立地条件	丰度阈值		分配比例
	草本	灌木	草本：灌木
高海拔的阳光陡坡	0.1000	0.1960	1.4：2.8
高海拔的阳光平缓坡	0.1188	0.2205	1.3：2.8

续表 7-4

立地条件	丰度阈值		分配比例
	草本	灌木	草本：灌木
高海拔的阳光平坦斜坡	0.1091	0.2684	1.5：3.6
低海拔的阳光陡坡	0.0949	0.2043	1.2：2.7
低海拔的阳光平缓坡	0.0921	0.2244	1.1：2.7
低海拔的阳光平坦斜坡	0.0993	0.2320	1.4：3.3
高海拔的阴凉陡坡	0.0883	0.2417	1.9：5.1
高海拔的阴凉缓坡	0.0829	0.2694	1.5：4.8
高海拔的阴凉平坡	0.0900	0.2635	1.4：4.2
低海拔的阴凉陡坡	0.0609	0.2806	1.4：6.4
低海拔的阴凉缓坡	0.0719	0.2904	1.2：5.0
低海拔的阴凉平坡	0.0850	0.2709	1.4：4.5

选择适宜的植物组合进行生态恢复是重建露天矿区稳定植被群落的重要环节。根据以往矿山恢复的经验，在矿区土地复垦和生态恢复过程中，对于坡度比大于 1：7.7 的边坡，采用灌草结合的方式构建 3S-OER 边坡植被生态保护；草-灌木-树或灌木-树混合模式调节土壤容重的效果最好（见图 7-5）。这些结果为实践中进一步优化土地复垦技术提供了依据。此外，植被群落组合既要注意植物多样性的水平结构，又要注意乔灌木草组合的垂直结构，并配置一些具有观赏特性的物种使所构建的植被系统既能形成稳定的植被群落系统，又能增强景观功能。

图 7-5　排土场斜坡上的草本和灌木植被配置

C　苗木规格与种植密度

（1）裸露地植被修复。苗木规格：阔叶，乔木胸径不低于 6 cm，亚乔木不低于 4 cm；针叶，乔木高度不宜低于 2.5 m，亚乔木高度不宜低于 1 m；灌木高度不宜低于 1.5 m。种植密度，乔木每亩 10~20 株，亚乔木每亩 20~30 株，灌木每亩 25~50 株。

（2）挖损地植被修复。

1）开挖底面。苗木规格：阔叶乔木胸径不低于 4 cm，针叶乔木高度不宜低于 1.5 m，灌木苗高不宜低于 1 m。栽植密度：乔木每亩 42~111 株，灌木每亩 74~296 株为宜。

2）开挖坡面。苗木规格：灌木苗木高度不宜低于 1 m。栽植密度：灌木每亩 42~333 株为宜。

（3）废渣堆放地植被修复。

1）渣体平台。苗木规格：阔叶乔木胸径不低于 4 cm 为宜，针叶乔木高度不宜低于 1.5 m，灌木高度不宜低于 1 m。栽植密度：乔木每亩 42~111 株，灌木每亩 74~296 株为宜。

2）渣体坡面。灌木苗高不宜低于 1 m。灌木每亩 74~333 株为宜。

7.3.2.2　绿化整地

A　裸露地

裸露地（见图 7-6）：在坡度较缓的地段，进行土地平整和穴状整地；在坡度较陡且坡面较长的地段进行坡面整理和穴状整地，并设置截排水系统。整地的规格依树种而定。

图 7-6　裸露地

B　挖损地

挖损地（见图 7-7）：在开挖底面进行土地平整和穴状整地；在坡度较陡且坡面较长的地段进行坡面整理和穴状整地，并设置截排水系统。整地的规格依树种而定。喷播和枕袋类、毯垫类播种的整地应符合《北方地区裸露边坡植被恢复技术规范》（LY/T 2771—2016）的要求。

图 7-7　挖损地

C　废渣堆放地

废渣堆放地（见图7-8）：在渣体平台进行土地平整和穴状整地；在渣体坡面进行坡面整理和穴状整地，并设置截排水系统。整地的规格依树种而定。喷播和枕袋类、毯垫类播种的整地应符合《北方地区裸露边坡植被恢复技术规范》（LY/T 2771—2016）的要求。

图7-8　废渣堆放地

7.3.2.3　种苗处理

在森林植物种植和造林的过程中，执行森林植物检疫制度和种苗质量检验制度非常重要。这些制度的落实有助于确保种子、苗木和其他繁殖材料的质量，并保证其符合相关标准和要求。此外，应优先选择种子园、母树林、采穗园等地生产的优良种质材料，以及优良种质材料培育而来的优良壮苗。

在病虫害比较严重的地区进行造林时，特别是针叶林种植时，可以在播种前采取一些预防措施。例如，使用药剂进行拌种处理，或者用药剂进行浸种或闷种。对于种皮较厚的种子和小粒种子，可以使用适度温水进行浸种，以进行消毒处理。

种子催芽应按照《木本植物种子催芽技术》（LY/T 1880—2010）的规定执行，可采用层积、水浸、酸蚀、伤蚀及化学药剂等方法催芽。

7.3.2.4　种植时间

依据气候、土壤、造林树种特性确定造林季节和时间，选择温度、湿度适宜，自然灾害较小、符合苗木生长发育规律的时间。不同季节适用的造林时间见表7-5。

表7-5　不同季节适用的造林时间

造林时间	适　用	特　点
春季栽植	适用于我国大部分地区，川、滇部分地区不宜，造林时间短，按苗木的萌芽早晚、土壤解冻的先后安排造林时间	应先低山，后高山，先阳坡，后阴坡，先轻质土，后黏质土。 栽植顺序为常绿针叶、竹类、落叶阔叶、常绿阔叶
夏季栽植	适用于萌芽能力强、蒸腾强度小的松、柏等针叶树种；一般在一两次透雨后栽植，以连阴天为好；应当使用百日苗、半年生苗、一年半生苗	优点：高温高湿天气或低温高湿天气，树木生长旺盛，土壤吸水松软，整地栽植省工省力。 缺点：造林时间短，天气变化较大，机会不易掌握；苗木蒸腾量大，伤根过多影响成活

续表 7-5

造林时间	适　　用	特　点
秋季栽植	三北地区均可在树木落叶到土壤冻结前进行，但以早为宜；主要适于落叶阔叶树种	优点：气温渐低、土壤湿润，地上部分停止生长，地下部分仍有活动，根系当年可恢复一部分。 缺点：苗木易受霜冻、冻拔害及动物危害
冬季栽植	适用于土壤不冻结的华南和西南各省区，气温低，但不严寒，天气晴朗，雨水较少，树木经过短暂休眠即开始活动	

7.3.2.5　播种和栽植

A　播种造林

播种的确定应结合树种的生物学特性、种子质量和立地条件等因素，并根据需要控制造林密度。以下是一些常见的播种方法和不同复垦类型播种的建议。

撒播：是一种常见的播种方式，即将种子均匀地散布在土壤表面。撒播时，种子通常只是轻轻地撒在土壤表面，播种深度不够一致，会影响种子的发芽和生长。由于种子是随意散布在土壤表面，撒播方式可能导致种子在田地中分布不均匀，这可能影响作物的生长和产量。由于种子散布在土壤表面，行间中耕除草、施肥等工作可能会受到一定的限制，同时也不太适合机械化作业。

条播：即将种子成行地播入土层中。播种深度较一致，种子会被按照一定的深度插入土壤中，使得种子的生长环境更加稳定。条播可以使种子在行内分布较为均匀，避免了撒播时种子不易分布均匀的问题。这有助于植物的生长和产量的提高。由于种子成行播种，条播方式便于进行行间中耕除草、施肥等管理措施和机械操作。这样可以提高工作效率，减少劳动力成本。

喷播：通过使用喷雾器或喷洒设备将种子和播种剂以液体或粉末的形式喷洒在土壤表面或作物上。喷播可以实现种子的均匀分布，可以根据作物的需求和土壤条件，精确控制播种剂的用量和喷洒位置。喷播适用于不同类型的种子，包括小颗粒的种子、细小的花草种子等。它也适用于不同的土壤类型和作物种类。喷播是一种高效、精准的播种方式，适用于大面积播种和特殊作物的播种。

（1）裸露地：宜采用撒播和条播的方式。

（2）挖损地：开挖底面宜采用撒播和条播的方式。开挖坡面宜采用喷播和枕袋类、毯垫类播种。

（3）废渣堆放地：渣体平台宜采用撒播和条播的方式。渣体坡面宜采用喷播和枕袋类、毯垫类播种。

裸露地、挖损地及废渣堆放地的播种应采用符合《豆科草种子质量分级》（GB 141—2008）和《禾本科草种子质量分级》（GB 6142—2008）规定的一、二、三级种子要求，播种量的计算应符合《水土保持综合治理　技术规范　荒地治理技术》（GB/T 16453.2—2008）的规定。

B　植苗造林

在矿山土地复垦中，植苗造林主要针对乔木和灌木的植被重建工程。

（1）起苗与运输。栽植苗木前，要提前选好栽植苗木，并做好刷白标记。起苗前，若气候较为干旱，应于起苗前2~3天进行大水灌溉，通过增加土壤湿润度防止起苗时出现根部土球松散现象，进而保证根系完整性。起苗时，要利用锋利工具切削苗木根部，沿泥球壁平齐断根，用草绳扎紧泥球，均匀设置网格并扎紧草绳，防止土球松散。同时，要利用草绳捆绑苗冠，以提升运输便利性。起苗后，要尽快将苗木运送至造林地，一般选择夜晚运苗，装车时动作要轻缓，防止土球破损或树冠完整性被破坏，运输途中要做好防冻、防风措施，车辆行进时要尽量保持平稳。

（2）苗木假植与修剪。苗木运送至造林地后要立即栽植，如果无法及时实施植苗造林作业，需先进行假植，以防止苗木水分缺失而降低造林后的成活率。选择背阴背风区域作为假植地，假植后需每日早晚适当灌溉，以提升假植区域土壤湿润度。若日间气温较高，需及时对苗冠喷水，为苗木提供充足水分。为减少华北落叶松树冠蒸腾作用，提高栽植后的长势，要在苗木栽植前做好枝叶修剪。部分萌蘖能力强、带土移栽、易于成活的苗木，可适度降低修剪量。华北落叶松可与其他品种的落叶松混合搭配栽种，但要结合生长情况、生物学特性实施枝叶修剪。修剪时不可破坏苗木自然树形，应尽可能疏除干枯枝、病害枝及弱势枝等。

除上述造林过程外，后期的抚育和管护也十分重要。主要有：未成林前松土、除草、平茬等抚育措施，综合管护（为防火、防人畜干扰等毁坏新造林地）、有害生物防控、兽害防控、自然灾害防控等管护措施。

7.4 矿区土地复垦新技术-边采边复

边采边复就是充分考虑地下开采与地面复垦措施的耦合，通过合理减轻土地损毁的开采措施和沉陷前或沉陷过程中的复垦时机与方案的优选，实现采矿与复垦同步进行的一种复垦技术。

边采边复技术的主要目的是保护土壤和恢复矿区耕地。在进行土地复垦时，利用边采边复技术地表也会发生动态沉陷，因此在复垦过程中需要考虑完工后的规划标高及后续的沉陷情况。边采边复要求将土地复垦方式与井下开采工艺相结合，根据矿山开采计划同步进行土地复垦。该技术的核心是“土地复垦与井下开采联动”，其主要特点是“一边进行煤矿开采，一边进行土地复垦”，以实现“土地恢复率高、复垦周期短、施工成本低、地表熟土破坏少”的目标，最终实现矿产资源和土地资源的可持续利用。

边采边复的关键技术主要包括三个方面。首先是边采边复位置和范围的确定，需要根据矿区地质特征、土地利用需求等因素，准确划定复垦范围和边采边复的位置。其次是时机的选择，需要在矿区地表稳沉前采取复垦措施，及时保护地表环境。最后是边采边复复垦标高的设计，要综合考虑完工后规划的标高和后续的沉陷情况，确保复垦标高能够适应地表的动态变化。

边采边复技术的核心在于在矿区地表稳沉前就采取复垦措施，通过科学的技术手段对地表进行保护。复垦的成败与复垦技术密切相关，需要选取适合的复垦方法和技术，如植被恢复、地质修复等，以确保复垦效果的可持续性和稳定性。此外，复垦的成功还与矿区的实际地质条件、开采方法等因素有关，需要充分考虑矿区的特点和限制条件，制定相应的复垦方案。

（1）边采边复位置和范围的确定。张瑞娅提出了一种方法，即在没有外来土和其他充填物的情况下，根据计算的总填方量和挖方量，根据实际情况动态布局充挖位置，以实现挖填土方的平衡。李锐则强调，在施工设计阶段，应不断优化施工方案，通过分析地下煤层分布，并结合地质条件和地表情况等因素，确定合理的位置和范围。在进行煤炭开采的同时，进行土地复垦工作。一般情况下，复垦位置位于采煤工作面的上方，并根据开采施工情况及沉陷情况进行确定。

（2）边采边复时机的选择。陈景平等人提出，为了拯救更多的表土资源，在选择复垦时机时应综合考虑地表积水情况、土方工程量和复耕率，随着采厚的增加，边采边复的时机选择应提前。王玉平提出，根据实际情况，综合分析各种条件，选择最佳的复垦时机。袁冬竹等人指出，在单一工作面开采时，最佳的复垦时机是在煤层走向方向充分采动时，这样可以节约支出，提高复垦率。选择合适的边采边复的复垦时机，可以最大限度地保护耕地，提高土地恢复率。在选择复垦时机时，一般需要兼顾几个方面：首先要保证土地的复耕率；其次要尽可能降低施工难度；同时要尽量节约施工成本；还要尽量保护地表的熟土。除了考虑以上四点之外，还需要综合考虑农民的种植意愿、作物生长季节、矿区地质、沉陷等情况，做出最佳的时机选择。为了降低施工成本，减小施工阻碍，最大限度地剥离地表的熟土，一般情况下，在地表沉陷处出现大面积积水之前即结束复垦工作。

（3）边采边复复垦标高设计。张瑞娅指出，稳定沉降后的耕地设计标高、复垦时机及矿区后续沉陷程度是影响复垦标高设计的最重要因素。为了确保复垦工作的有效性，通常采用边采边复的复垦标高设计方法，根据不同的开采条件和地表塌陷情况，结合地下煤炭赋存条件、开采方式和土地利用类型，确定复垦标高。这样可以最大限度地保护土地资源，提高土地的复垦效果。

习　题

7-1　矿区土地复垦规划设计应遵循的原则是什么？

7-2　简述矿区土地复垦规划设计的基本程序。

7-3　重构土壤的改良措施可以分成几类，具体有哪些？

7-4　污染土壤的治理与修复技术有哪些？

7-5　矿区土地复垦的植被重建中，根据不同地区的特点植物品种选择有哪些？

7-6　植被重建工程设计中，设计内容主要包括哪些方面？

7-7　在不同复垦类型播种中，常见的播种方法有哪些？

7-8　矿山土地复垦的新技术有哪些？

参 考 文 献

[1] 牛冬杰，孙晓杰，赵由才．工业固体废物处理与资源化［M］. 北京：冶金工业出版社，2007.
[2] 李鸿江，刘清，赵由才．冶金过程固体废物处理与资源化［M］. 北京：冶金工业出版社，2007.
[3] 张策，何绪文．煤矿固体废物治理与利用［M］. 北京：煤炭工业出版社，1998.
[4] 张大磊，孙英杰，袁宪正．固体废物处理处置实验技术［M］. 北京：中国电力出版社，2017.
[5] 徐晓军，张艮林，白荣林，等．矿业环境工程与土地复垦［M］. 北京：化学工业出版社，2010.
[6] 蒋家超，招国栋，赵由才．矿山固体废物处理与资源化［M］. 北京：冶金工业出版社，2007.
[7] 尹国勋．矿山环境保护［M］. 徐州：中国矿业大学出版社，2010.
[8] 周少奇．固体废物污染控制原理与技术［M］. 北京：清华大学出版社，2009.
[9] 梁凯．矿山固体废物的环境影响与综合利用［J］. 能源环境保护，2011（1）：1-3.
[10] 竹涛，舒新前，贾建丽．矿山固体废物综合利用技术［M］. 北京：化学工业出版社，2012.
[11] 李东伟，尹光志，焦斌权．重金属污染土壤（渣场）环境危害及综合防治技术［M］. 北京：科学出版社，2012.
[12] 竹涛，秦强．矿山固体废物处理与处置工程［M］. 北京：冶金工业出版社，2016.
[13] 杨小聪，郭利杰，等．尾矿和废石综合利用技术［M］. 北京：化学工业出版社，2018.
[14] 张锦瑞，王伟之，李富平，等．金属矿山尾矿综合利用与资源化［M］. 北京：冶金工业出版社，2002.
[15] 周乐光．工艺矿物学［M］. 北京：冶金工业出版社，1990.
[16] 张启溶，丁平衡，等．选矿设计手册［M］. 北京：冶金工业出版社，1988.
[17] 杜计平，孟宪锐．采矿学［M］. 徐州：中国矿业大学出版社，2009.
[18] 胡岳华，冯其明．矿物资源加工技术与设备［M］. 北京：科学出版社，2006.
[19] 王淀佐，邱冠周，胡岳华．资源加工学［M］. 北京：科学出版社，2005.
[20] 谢广元．选矿学［M］. 徐州：中国矿业大学出版社，2001.
[21] 蒋仲安．矿山环境工程［M］. 2 版．北京：冶金工业出版社，2009.
[22] 李灿华，黄贞益，朱书景，等．固体废弃物处理、处置与利用［M］. 武汉：中国地质大学出版社，2019.
[23] 过震文．城市固体废弃物路用材料资源化［M］. 上海：上海科学技术出版社，2021.
[24] 张增强．固体废弃物的资源化处理［M］. 北京：中国农业科学技术出版社，2020.
[25] 张蕾．固体废弃物处理与资源化利用［M］. 徐州：中国矿业大学出版社，2017.
[26] 鲁岩，李冲．矿山资源开发与规划［M］. 徐州：中国矿业大学出版社，2021.
[27] 陈华君，刘全军．金属矿山固体废物危害及资源化处理［J］. 金属矿山，2009（4）：154-156，167.
[28] 胡舸．重庆地区危险废物处置方案与管理系统研究［D］. 重庆：重庆大学，2004.
[29] 庄伟强．泰安市医疗废物特性研究及管理体系优化［D］. 济南：山东大学，2005.
[30] 刘源源．铅锌矿选矿尾砂化学萃取技术研究［D］. 长沙：湖南大学，2010.
[31] 范敏．矿山固体废弃物的处理与利用研究［J］. 科技创新与应用，2017（8）：156.
[32] 吴雯辉，赵建仓，孙洁，等．甘肃某低品位锰矿合理选矿工艺探索试验研究［J］. 甘肃冶金，2023，45（1）：7-11.
[33] 王伟．固体废弃物暂存堆场项目竣工环保验收监测研究［J］. 中国资源综合利用，2022，40（8）：183-185.
[34] 牟思宇，谢宇斌，杨箫滢．我国固体废物利用处置现状与对策研究［J］. 有色金属（冶炼部分），2023（9）：1-10.

[35] 王海龙，杨亚丽，郭佳语．阳泉市废弃矿山主要生态问题及其修复技术研究［J］．能源与环保，2023，45（6）：58-64，208.

[36] 孙颉，刘少葵，刘勇奇，等．高钙氯化锂溶液的净化除杂研究［J］．广东化工，2023，50（1）：32-34.

[37] 闫开放．高质量发展“砖石一体”固体废弃物非烧结道路广场装饰砖的思考［J］．砖瓦，2023（10）：35-38.

[38] 卢自勇，贺滟，张慧，等．“无废城市”建设驱动下一般工业固体废物污染控制分析——以贵阳市为例［J］．中国资源综合利用，2023，41（4）：148-152.

[39] 范旭，王相平，李志强，等．LO-CAT 硫回收工艺铁离子流失研究［J］．大氮肥，2023，46（5）：289-295.

[40] 杜建磊，杜根杰，高建勇，等．我国大宗工业固体废弃物综合利用产业发展问题及建议［J］．现代矿业，2023，39（2）：23-26.

[41] 胡煜，魏红兵，韩伟，等．矿产品现场固体废弃物排查仪研制［J］．中国设备工程，2023（12）：239-241.

[42] 张佳文，刘冠男，王裕先，等．我国硫铁矿固体废弃物综合利用及其环境意义［J］．中国矿业，2022，31（1）：61-67.

[43] 尹广田，王健男，郑爱荣．固体废弃物堆场地下水环境风险评估与污染运移模拟研究［J］．中国港湾建设，2022，42（6）：82-86.

[44] 蔚美娇，孔祥云，黄劲松，等．我国尾矿固体废弃物处置现状及建议［J］．化工矿物与加工，2022，51（1）：34-38.

[45] 卫菊瑞．固体废弃物材料在路基中的应用［J］．合成材料老化与应用，2022，51（4）：162-164.

[46] 梁新民，刘明权，张爱民，等．无废、无尾生态智能矿山建设模式探讨［J］．中国矿山工程，2022，51（2）：66-71.

[47] 李琴，杨岳斌，刘君，等．我国粉煤灰利用现状及展望［J］．能源研究与管理，2022（1）：29-34.

[48] 翁慧颖．城市固体废弃物处置技术的现状及展望［J］．环境保护与循环经济，2022，42（7）：18-22.

[49] 李彪，裴德健，华绍广．利用工业固体废弃物制备新型发泡陶瓷前景研究［J］．现代矿业，2022，38（9）：1-4.

[50] 徐冬冬，吴华，刘安富．废弃砂石矿山生态修复治理措施［J］．有色冶金节能，2022，38（6）：59-62.

[51] 余国平，汪金卫，李道明．固体废物堆场清污分流工程相关问题探讨［J］．有色冶金设计与研究，2022，43（6）：42-45.

[52] 国家环境保护总局、国家质量监督检验检疫总局．一般工业固体废物贮存处置场污染控制标准：GB 18599—2001［S］．2001-12-18.

[53] 蒋瑛，刘婷，朱远乐．矿山固体废弃物综合利用相关法律及政策梳理［J］．现代矿业，2022，38（11）：232-236.

[54] 吴浩．我国尾矿资源综合利用研究进展与展望［J］．资源信息与工程，2022，37（3）：102-104.

[55] 陈桃，简胜，谢贤，等．钒钛磁铁矿尾矿综合利用研究进展［J］．矿产保护与利用，2021，41（2）：174-178.

[56] 董国强，官长平．某选钛尾矿综合再回收钛的工艺试验研究［J］．四川有色金属，2012（3）：23-25.

[57] 印万忠，徐东，杨耀辉，等．承德某钒钛磁铁矿尾矿资源化利用技术研究［J］．矿产综合利用，2020（6）：37-42.

[58] 阳建国．山西某铁矿磁选尾矿综合回收二氧化钛试验研究［J］．新疆有色金属，2013，36（S2）：140-142.

[59] 贾清梅，曹兵，太军君．选铁尾矿中回收钛铁矿的试验研究［J］．矿冶工程，2010，30（4）：44-46，49.

[60] 于元进，曾尚林，曾维龙．ZCLA 选矿机在毕机沟钒钛磁铁矿尾矿综合回收铁、钛中的应用［J］．现代矿业，2015，31（3）：47-49，52.

[61] 扈维明，何刚，张洪波．太和钒钛磁铁尾矿再回收选矿试验研究［J］．矿产综合利用，2013（6）：50-53.

[62] 王成行，童雄，胡真，等．云南某铅锌尾矿伴生萤石综合回收的工艺研究［J］．有色金属（选矿部分），2014（1）：43-45，73.

[63] 孙良全，余晓东．采用浮选技术从铅锌尾矿中回收萤石的试验研究［J］．有色矿冶，2019，35（2）：29-31.

[64] 陈享享，刘述忠，郭万富，等．福建某铅锌尾矿中硫回收浮选工艺研究［J］．化工矿物与加工，2015，44（2）：10-13.

[65] 曾懋华，颜美凤，奚长生，等．从凡口铅锌矿尾矿中回收硫精矿的研究［J］．矿冶工程，2007（1）：36-39，43.

[66] 刘超，陈志强，罗传胜，等．某铅锌尾矿回收重晶石选矿新工艺研究［J］．化工矿物与加工，2017，46（11）：11-13.

[67] 张红英．从某铅锌尾矿中回收重晶石的研究［J］．材料研究与应用，2017，11（3）：187-191.

[68] 杨茂，马子龙，宋兴伟，等．某白钨尾矿浮选工艺试验［J］．现代矿业，2018，34（12）：126-129.

[69] 邓巧娟．从某钨尾矿中回收白钨矿的浮选试验研究［D］．北京：北京有色金属研究总院，2018.

[70] 袁宪强，罗仙平，王笑蕾，等．从某钨重选尾矿中回收钼的浮选试验［J］．金属矿山，2010（12）：171-174.

[71] 李付杰．柿竹园钨钼铋多金属矿钨尾矿综合利用技术研究［D］．福州：福州大学，2018.

[72] 艾光华，李继福，邬海滨，等．从某黑白钨尾矿中回收萤石的试验研究［J］．非金属矿，2016，39（3）：33-35，39.

[73] 房朝军，冯其明，欧乐明，等．某钨尾矿综合回收低品位萤石浮选试验研究［J］．有色金属科学与工程，2014，5（2）：72-76.

[74] 吴师金，陈军，黄六老．江西大余某钨锡尾矿云母、长石和石英分离研究［J］．现代矿业，2017，33（11）：135-137.

[75] 朱一民，周菁．从黄沙坪低品位钼、铋、钨、萤石浮选尾矿中回收石榴石的回收和应用试验研究［J］．有色矿冶，2012，28（3）：31-33.

[76] 刘书杰，王中明，刘方，等．某微细粒、低品位钽铌尾矿的选矿试验研究［J］．有色金属（选矿部分），2018（5）：72-76.

[77] 陈向，廖德华．磁处理对细粒钽铌尾矿浮选实验影响［J］．矿产综合利用，2021（5）：86-91.

[78] 胡红喜，张忠汉，刘超，等．内蒙古某钽铌尾矿回收锂云母工艺［J］．有色金属（选矿部分），2022（5）：79-84，136.

[79] 何桂春，冯金妮，毛美心，等．组合捕收剂在锂云母浮选中的应用研究［J］．非金属矿，2013，36（4）：29-31.

[80] 王毓华，黄传兵，陈兴华，等．从某钽铌尾矿中回收长石和石英的试验研究［J］．中国矿业，2005（9）：38-40.

[81] 林东，聂光华，罗国菊，等．江西某钽铌矿尾矿综合利用试验研究［J］．非金属矿，2016，39

(1)：14-16，20.
[82] 肖志，何桂春，汪劲刚，等．钽铌尾矿综合利用研究进展与展望［J］. 金属矿山，2023（6）：127-133.
[83] 马鹏举，马伟鸣，陈英铭，等．金尾矿综合回收技术研究进展［J/OL］. 化工矿物与加工，2024，2（53）：47-53.
[84] 陈延信，姚艳飞，酒少武，等．分散态磁化焙烧-磁选回收某金尾矿中的铁［J］. 金属矿山，2012（2）：63-66.
[85] 王昌良，饶系英，李成秀．内蒙古某浸金尾矿的综合利用研究［J］. 矿产综合利用，2007（5）：11-16.
[86] 周新民，徐靖，宋翔宇．灵宝某金矿白钨尾矿综合回收试验研究［J］. 矿产保护与利用，2011（Z1）：83-87.
[87] 杨世中，朱文龙，张卫星，等．某浮金尾矿回收低品位微细粒级白钨矿试验［J］. 现代矿业，2013，29（6）：100-101，111.
[88] 刘辉．化肥厂炉渣浮选脱碳技术研究及工业化可行性分析［D］. 西安：西安建筑科技大学，2008.
[89] 于发．半逆流型磁选机在梅山选矿厂的应用［J］. 矿业工程，2006（4）：36-38.
[90] 刘惠林，杨保东，向阳春，等．浮选柱的研究应用及发展趋势［J］. 有色金属（选矿部分），2011（201）：202-207.
[91] 赖长荣，胡晔昕，舒如霜，等．选钨尾砂回收有价金属研究现状综述［J］. 中国资源综合利用，2022，40（4）：118-123，151.
[92] 刘浪，方治余，张波，等．矿山充填技术的演进历程与基本类别［J］. 金属矿山，2021（3）：1-10.
[93] 改变矿井资源萎缩现状——超高水材料充填采煤技术．https：//www. sohu. com/a/194158477_410558.
[94] 蔡嗣经，王洪江．现代充填理论与技术［M］. 北京：冶金工业出版社，2012.
[95] 中华人民共和国水利电力部．土工试验规程（第一分册）：SD128—84［S］. 1984.
[96] 程进强．粉煤灰基胶结充填采煤技术及应用［J］. 能源与节能，2015（9）：28-29.
[97] 颜秉超．赤泥胶结充填在矿山中的应用［J］. 科技致富向导，2012（8）：2.
[98] 贺兵红．近十年来充填技术在铁矿山的应用进展［J］. 工程建设，2011，（4）：28-32，41.
[99] 古德生，胡家国．粉煤灰应用研究现状［J］. 采矿技术，2002，2（2）：1-4.
[100] 吴爱祥，王勇，王洪江．膏体充填技术现状及趋势［J］. 金属矿山，2016（7）：1-9.
[101] 史采星，郭利杰，李文臣，等．铅锌冶炼渣充填胶凝材料研究及应用［J］. 黄金科学技术，2018，26（2）：160-169.
[102] 张发文．矿渣胶凝材料胶结矿山尾砂充填性能及机理研究［D］. 武汉：武汉大学，2009.
[103] 荆晓东，桑发来，郭加仁．探究矿渣胶凝材料胶结矿山尾砂充填性能及机理研究［J］. 世界有色金属，2021（12）：198-199.
[104] 谷岩，南世卿，李富平．矿渣胶结材料充填体强度确定及配比优化［J］. 金属矿山，2014（3）：10-14.
[105] 刘树龙．基于矿渣基胶凝材料的充填体早期力学行为宏细观响应机制［D］. 淄博：山东理工大学，2021.
[106] 兰文涛，吴爱祥，王贻明，等．半水磷石膏充填强度影响因素试验［J］. 哈尔滨工业大学学报，2019，51（8）：128-135.
[107] 黄绪泉，姜明明，赵小蓉，等．氟石膏基材料胶凝性能和浸出毒性［J］. 非金属矿，2017，40（2）：8-11.

［108］董越．多固体废弃物资源在金川矿山充填采矿中协同综合利用研究［D］．北京：北京科技大学，2019.
［109］冯光明．超高水充填材料及其充填开采技术研究与应用［D］．徐州：中国矿业大学，2009.
［110］张宗生．金川矿山废石膏体配制与流变特性研究［D］．昆明：昆明理工大学，2008.
［111］李兴尚．水砂胶结充填材料配合比的优化研究［D］．昆明：昆明理工大学，2005.
［112］杨厚坤．煤矿膏体充填开采技术的应用研究［J］．中国市场，2016（36）：66-68.
［113］牛丽菊，郑帅亮．煤矿膏体充填对地下水环境影响研究［J］．煤，2024，33（3）：100-104.
［114］那华，吕国诚，张丹，等．矿区典型环境污染及其充填胶凝固定化研究进展［J］．黄金科学技术，2020，28（5）：646-657.
［115］胡俊涛，张细香，曾斌，等．植被生态混凝土技术进展及其在矿山固体废弃物处置中的应用探索［J］．化工矿物与加工，2022，51（10）：45-50.
［116］王宏宇，顾晓薇，张延年，等．钢渣基多固体废弃物掺合料制备水泥砂浆及其力学性能研究［J］．金属矿山，2022（1）：53-59.
［117］祝志雄，解晓宁，应晓猛，等．砂石矿山固体废弃物制备烧结砖试验研究［J］．新型建筑材料，2022，49（9）：123-126.
［118］陈刚，蔡国俊，黄峰，等．固体废弃物基免烧保温砖的制备及性能研究［J］．新型建筑材料，2022，49（11）：169-173.
［119］郭献培．固体废弃物彩色免烧砖及其制备方法：CN103193422A［P］．2013-07-10.
［120］潘大伟，路明，代俊杰，等．利用矿山固体废弃物制备多孔陶瓷及方法：CN114804828A［P］．2022-07-29.
［121］程海勇，吴爱祥，吴顺川，等．金属矿山固体废弃物充填研究现状与发展趋势［J］．工程科学学报，2022，44（1）：11-25.
［122］邢芩瑞，马远，李宇．不同 CaO 源固体废弃物对钙长石全固体废弃物陶瓷矿相和性能的影响［J］．有色金属科学与工程，2021，12（1）：39-48.
［123］裴德健，华绍广，汪大亚，等．采选冶过程典型固体废弃物的高附加值利用研究进展［J］．中国资源综合利用，2022，40（4）：128-132.
［124］鄢琪慧，倪文，高巍，等．矿渣-钢渣基胶凝材料固砷机理［J］．中南大学学报（自然科学版），2019，50（7）：1544-1550.
［125］建筑行业迎战“双碳”，路线图施工图都要清晰——中国建材报专访中国建筑节能协会会长武涌［J］．居业，2021（10）：3-4.
［126］王婉伊．建设绿色矿山、开发利废新材永远在路上［N］．中国建材报，2019-2-13.
［127］肖立光，伊晋宏，崔正旭. 国内外铁尾矿的综合利用现状［J］．吉林建筑工程学院学报，2010，27（4）：22-26.
［128］邱媛媛，赵由才. 尾矿在建材工业中的应用［J］．有色冶金设计与研究，2008（1）：35-37.
［129］彭建军，贺深阳，刘恒波，等，白云石质金尾矿制备烧结砖的研究［J］．新型建筑材料，2012（10）：21-23.
［130］王敏．利用工业废料生产彩色墙砖［J］．建筑装饰材料世界，2005（4）：62-63.
［131］蒋建国．固体废物处置与资源化［M］．北京：化学工业出版社，2007.
［132］赵田田，杨赞中，王涵，等．固体废弃物制备蒸压加气混凝土的研究进展［J］．广东化工，2015（12）：83-84.
［133］陈希廉．矿山废石和尾矿的 50 种可能应用领域［C］// 第五届中国矿山地质学术会议暨振兴东北生产矿山资源高层论坛，2005-8.
［134］孙小卫，张金青，臧崇颖，等．我国尾矿资源新的利用途径和产业发展方向［C］// 第六届全国尾

矿库安全运行与尾矿综合利用技术高峰论坛. 2014-04-20.
[135] 王超男，王遥，姜威．煤矸石/粉煤灰制备免烧砖的研究［J］. 建材技术与应用，2020（4）：24-26.
[136] 兰阳，朱孝钦，周新涛，等．尾矿回收的研究与应用［J］. 化工矿物与加工，2017，46（4）：76-81.
[137] 王慧，曾令可，张海文，等．多孔陶瓷——绿色功能材料［J］. 中国陶瓷，2002，38（3）：6-8，19.
[138] 兰阳．铝土矿尾矿多孔陶瓷的制备及其力学性能研究［D］. 昆明：昆明理工大学，2017.
[139] 黎庭州，朱孝钦，周新涛，等．基于工业固体废弃物合成陶瓷材料的研究与开发［J］. 材料导报，2014（19）：95-99.
[140] 韩雪冬，张哲，田昕．利用尾矿制作混凝土多孔砖的生产技术及块型设计［J］. 砖瓦，2014（1）：41-44.
[141] 张熠，那琼．铁尾矿制备彩色地面砖的技术探讨［J］. 矿业快报，2007（1）：64-66.
[142] 张宏泉，李琦缘，文进，等．铜尾矿资源的利用现状及展望［J］. 现代矿业，2017，33（1）：127-31.
[143] 王迪，乔亮，龚浩，等．粉煤灰资源化综合利用研究现状［J］. 现代矿业，2021，37（5）：18-20.
[144] 王承遇，陶瑛，郝彦武．乳白色钨尾矿微晶玻璃的研制［J］. 新型建筑材料，2001（10）：38-9.
[145] 王钦，王娜，黄欣，等．微晶玻璃研究进展［J］. 无机盐工业，2022，54（8）：1-11.
[146] 李振，雪佳，朱张磊，等．煤矸石综合利用研究进展［J］. 矿产保护与利用，2021，41（6）：165-78.
[147] 王玉涛．煤矸石固体废弃物无害化处置与资源化综合利用现状与展望［J］. 煤田地质与勘探，2022，50（10）：54-66.
[148] 李阿鹏，彭康，伦惠林，等．固体废渣制备新型耐火材料的研究进展［J］. 材料导报，2013（19）：135-139.
[149] 赵鹏，黄占斌，任忠秀，等．中国主要退化土壤的改良剂研究与应用进展［J］. 排灌机械工程学报，2022，40（6）：618-625.
[150] 方超，张治国，郑永红，等．粉煤灰作土壤改良剂的研究进展［J］. 淮南职业技术学院学报，2021，21（4）：146-148.
[151] 许荣华，胡彬．粉煤灰复合磁化肥的开发和增产机理［J］. 粉煤灰综合利用，1995（4）：11-12.
[152] 刘道春，崔利军．玻璃陶瓷的研究与发展［J］. 陶瓷，2019（11）：18-24.
[153] 李发闯，郭战永，张倩，等．煤矸石酸浸除杂合成 SiC 的研究［J］. 河南工学院学报，2021，29（6）：6-11.
[154] 曾鹏，谢海云，晋艳玲，等．我国煤矸石的特性及其提取氧化铝研究进展［J］. 矿产保护与利用，2022，42（6）：21-29.
[155] 张博超，童辉，龙雪颖，等．煤矸石固体废弃物高值化利用研究现状与进展［J/OL］. 洁净煤技术，2023：1-15.
[156] 贺忠伟．火电厂废弃物综合利用研究［D］. 保定：华北电力大学（河北），2007.
[157] 靳朋勃，吴春笃．粉煤灰农业利用现状［J］. 安徽农业科学，2007（18）：5544-5545.
[158] 张亚波．矿山废弃土地复垦研究现状及生态重建构想［J］. 绿色科技，2019（4）：81-82，87.
[159] 刘宝臣，张炳晖，赵艳林，等．基于综合环境效益的矿山复垦规划研究［J］. 中国水土保持，2010（2）：6-8.
[160] 郭建一．矿山土地复垦技术与评价研究［D］. 沈阳：东北大学，2009.
[161] 田其云，张明君．“双碳”目标下矿山修复规划制度的创新［J］. 中国人口·资源与环境，2022，

32 (12): 41-51.
[162] 张玉锴，阎凯，李博，等．中国土壤重构及其土水特性研究进展 [J]. 农业资源与环境学报，2023，40 (3): 511-524.
[163] 汪成成，刘红民，刘畅，等．我国矿区废弃地土地复垦技术研究综述 [J]. 辽宁林业科技，2014 (1): 36-38，51.
[164] 胡振琪．我国土地复垦与生态修复 30 年：回顾、反思与展望．[J]. 煤炭科学技术，2019，47 (1): 25-35.
[165] 张瑞娅．多煤层开采条件下边采边复技术研究 [D]. 北京：中国矿业大学（北京），2017.
[166] 徐周．浅析矿山土地复垦的新技术——边采边复 [J]. 科学技术创新，2022 (28): 5-8.
[167] 王耀峰．洮河生态建设管护中心华北落叶松植苗造林技术要点 [J]. 南方农业，2022，16 (24): 101-103.
[168] Xu D, Li X, Chen J, et al. Research Progress of Soil and Vegetation Restoration Technology in Open-Pit Coal Mine: A Review [J]. Agriculture, 2023, 13, 226.
[169] 中国国家标准化委员会．水土保持综合治理技术规范 荒地治理技术：GB/T 16453. 2—2008 [S]. 北京：中国标准出版社，2008-11-14.
[170] 中国国家标准化管理委员会．豆科草种子质量分级：GB 6141—2008 [S]. 北京：中国标准出版社，2008-04-09.
[171] 中国国家标准化管理委员会．禾本科草种子质量分级：GB 6142—2008 [S]. 北京：中国标准出版社，2008-06-27.
[172] 中国国家标准化管理委员会．造林技术规程：GB/T 15776—2016 [S]. 2016-06-14.
[173] 王嘉斌，王娟，吴金凤．土壤改良的现实意义与农业技术措施 [J]. 吉林蔬菜，2019 (4): 99-100.
[174] 王欢，王平，谢立祥，等．土地复垦适宜性评价方法 [J]. 中南林业科技大学学报，2010，30 (4): 154-158.
[175] 胡振琪，赵艳玲，赵姗，等．矿区土地复垦工程可垦性分析 [J]. 农业工程学报，2004，20 (4): 264-267.
[176] 邵和东，王大鹏．有色金属矿山环境修复技术综述 [J]. 中国资源综合利用，2022，40 (3): 126-129.
[177] 汤惠君．土地复垦与生态重建 [J]. 衡阳师范学院学报（自然科学），2004，25 (3): 85-88.
[178] 方星，等．矿山土地复垦理论与方法 [M]. 北京：地质出版社，2015.